從養胎到坐月子

莊淑旂博士 指導

章惠如 著

廣和坐月子

目錄

序

第一篇　養胎篇

第二篇　掌握懷胎十月

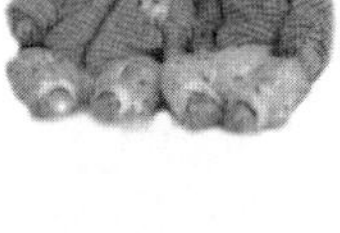

第三篇　坐月子篇

坐月子飲食篇……235

附錄

作者序

感謝外婆，我的孩子好健康！

章惠如

我是章惠如，除了大家所知道的講師及作家身分之外，也是兩個乖巧女兒及一個善解人意兒子的媽咪，我非常感謝我的外婆莊淑旂博士，以及母親莊壽美老師，因為由她們所研究傳承下來一套獨特又有效的養胎及坐月子方法，不僅讓我生下很棒、很健康的孩子，更驚喜的是，當我真正完完全全依照這套方法來坐月子後，不僅體質得到了改善，困擾我許久的產後肥胖症竟然不再發生了！在這裡，我要再一次由衷地感謝阿媽及媽媽，並且非常高興地將我養胎及生產後坐月子的體驗分享給大家。

第一次懷孕是我三十四歲的時候，為了迎接這個新生命的到來，全家人不僅替我分擔大部分的工作，對於我的食衣住行更是呵護備至，當懷胎五個月醫生宣佈：「是個兒子」時，全家更是興奮得不得了，所有的祝福及關懷，讓我覺得自己簡直就是世界上最幸福的準媽媽！可惜好景不常，就在懷孕第七個月時，因為肚子隱隱作痛去看醫生，才知道孩子已經胎死腹中近一個禮拜了！

◆第一次懷孕的打擊

突然來的惡耗，讓我從最高、最快樂的境界，一下子跌到了最低、最悲哀的谷底，眼淚止不住的流下來，心情亦跌落到了谷底。我在先生的安排下住進醫院開始引產，痛了兩天卻只開了一指，而催生的疼痛加上心情的悲痛，使我瀕臨崩潰的邊緣。先生不忍看我如此痛苦，於是主動要求醫生開刀，終於在民國八十五年五月一日，剖腹結束我第一次的懷孕。

接下來的月子幾乎根本沒有做，大概只勉強喝了幾口阿媽要妹妹煮來的生化湯及養肝湯，莊老師仙杜康勉勉強強吃了一盒，莊老師婦寶也只吃了一盒

半，排氣後第二天就開始喝水，雖然深知阿媽坐月子的方法，心情低落的我根本也想不到這麼多了。結果是肚子沒有縮回來，體重不減反增，比懷孕前整整胖了九公斤！不僅如此，爾後以淚洗面、睡眠不足的結果使得眼睛極度疲勞、視野變窄，其他如頭痛、掉髮、手腳酸麻、腰酸背痛的毛病也全都出現了，沒想到除了喪子之痛，還要承受這種體膚上的折磨。

四個月後第二次懷孕，這次我非常謹慎，全程均戰戰兢兢，十六週即做羊膜穿刺，二十週以後，每天都注意胎動是否正常，並且平均兩週即做一次檢查，生活及飲食上也都遵從阿媽的指導：

一、每天補充天然鈣質（如大骨或魚頭熬湯），並至少吃一百公克的小魚干。

二、儘量遵守三：二：一的飲食原則，早上吃肉類、中午為魚、貝類、晚上吃蒸粥及少量的魚或雞肉（因雞肉較易消化），但每餐都須攝取蔬菜。

三、飯前及睡前做消除疲勞及脹氣的按摩（飯前休息）。

四、每天儘量散步三十分鐘（適度的運動）。

五、禁忌的食物絕不偷吃，比如：蝦子、螃蟹、蝦米、韭菜、豬肝、薏仁、生冷的（如生菜沙拉、生魚片、冰的飲料等）、刺激性的、煎的、油炸或烤焦的、太鹹或太辣的、辛香料及防腐劑含量太多的食物全部統統禁止。

六、每天定時服用「莊老師喜寶」（在當時還只是阿媽開給我的處方籤，需要自行調配、熬煮，一直到了民國八十九年，才成功的與生物科技技術結合，研發出了孕婦最方便有效的養胎聖品「莊老師喜寶」）。

◆養了胎卻沒做好月子

到了產前二個月開始安排坐月子事宜，因為婆婆堅持要親自幫我坐月子，於是我儘量與她溝通，希望能完全按照阿媽的方法來幫我做，她也欣然答應。

八十六年六月二十九日大女兒阡阡終於在大家的期盼下剖腹出世，出生時體重三千八百五十公克，而且非常健康可愛，到了此時，第一次胎死腹中的陰影才在我心中一掃而空。

排氣後，婆婆辛辛苦苦的為我準備餐點，打開後赫然發現有一尾七星鱸魚，麻油豬肝內還有好幾塊裏肌肉及一個荷包蛋！趁婆婆上洗手間，趕快打電話問阿媽是否可以吃這些東西？結果阿媽還是堅持要等到第十五天才能吃！但是婆婆特地為我烹煮的食物，又親自走路將食物送來，甚至就坐在床前滿懷關愛地要看著我吃，我怎麼忍心拒絕！

於是，我在產後第二天就開始吃魚、肉及蛋，本打算至少堅持不喝水，無奈婆婆特地遠赴北港選用當地的黑麻油（她說是最好的），薑又沒有完全爆透（只是稍微爆香一下），米酒又特地回雲林娘家搬回私釀的米酒（她說比較純），酒精成分也沒有完全揮發乾淨（她說揮發掉酒精，沒有了酒味就沒效果了），我忍耐了五天，到了第六天因為實在全身上火、口乾舌燥，所以就開始喝水，而且因為正值炎炎夏日，實在燥熱的受不了，便偷喝了冷開水，最後甚至偷喝冰涼的飲料！

而在吃東西方面，因為婆婆煮得好吃加上心情也非常愉快，所以胃口大開，幾乎從產後第一週起就大補特補，結果肚子變成了水桶肚，吃進去過多的養份又代謝不出來，體重直線上升，竟然又增加了十二公斤！

◆真棒！我和寶寶都健康

到我第三次懷孕時，體重已高達九十公斤！更令人擔心的是，醫生告訴我這回懷的是雙胞胎！當時我心裡想著：等到這次生完，體重豈不是要破百了嗎？但是為了小孩，我仍然全程小心翼翼的養胎，到了懷孕中期血壓開始升

高，血糖也超過正常指數而罹患了妊娠糖尿病，而全身水腫更令我呼吸困難又無法行動，過重的體重令我站也不能站，躺又不能躺，睡覺時每隔半小時必會痛醒（因側躺時肚子太重壓迫到骨盆而痛麻），每每在夜深人靜時獨自望著窗外夜空偷偷地流淚。

好在阿媽教我用綠豆水控制血糖，又吩咐先生煮黃耆水及紅豆湯給我來消除水腫，至於高血壓，則控制飲食及用白蘿蔔榨汁燉豬大、小腸利尿及利便來降壓，如此勉強捱到了第三十五週，醫生認為再撐下去可能會有危險，於是決定在八十七年六月十四日剖腹生產，而當時我的體重已高達一百一十六公斤了！

很令人安慰的是我生了對龍鳳胎，兒子出生時體重四千三百公克，女兒三千公克，兩人均活潑健康，完全沒有早產的跡象。事後回想起來，這都要感謝阿媽給我正確的養胎方法，使我獲得健康寶寶。

這次我決定一定要回娘家坐月子，而且委請「廣和月子餐外送服務」的專業料理師為我全程調理食補，因為方法都用對，所以這次我真的整個月子沒有喝到一滴水，吃的東西也完全按照莊博士坐月子的方法以階段性的方式來進補，絕對不去偷吃或偷喝其他任何東西，雖然一樣在夏天坐月子，可是因為吃對方法，所以也沒有任和上火的現象！

至於腹帶，這次我也真的綁了整個月子，因為體重較重，所以莊老師仙杜康整整吃了十盒，莊老師婦寶也吃了六盒。

奇蹟發生了，當我真正好好地用這套方法做完月子後，我的體重竟然減輕了三十九公斤，生產前為一百一十六公斤，坐完月子已恢復到七十七公斤，也就是說，這次我不但沒有因為生產而增加體重，反而比第三次懷孕前的九十公斤更減了十三公斤！雖然我還有七、八公斤沒有瘦下來，但是我之前所產生的

頭痛、腰痛等症狀，已經完全改善，眼睛疼痛及視野窄的現象雖然尚未完全恢復，但也已經大大的改善了。第三次懷孕被壓傷的骨盆，現在也完全恢復，並且體力大增，不再像以前，動不動就感到疲累。

現在，我三個可愛的孩子都已經上小學了，而在他們成長的這段期間，我與先生賴駿杰也攜手積極從事婦女養胎及坐月子服務的工作，就因為我們親身經歷過正確與錯誤的坐月子方法，所以我們希望能夠幫助所有的婦女朋友們，都能抓住坐月子改變體質的好機會，越生越健康、越生越美麗！

名人推薦序

摩登特效養胎與坐月法

莊壽美

◆「胎前的健康資本」需要大力的培養與投資

母親莊淑旂醫學博士用她特別而豐富的智慧，從小把我照顧得體強身壯，小小年紀十六歲起就當選職業選手，遊遍寶島的運動生涯，是奠定我「胎前」健康的大資本。

記得我年青力盛時，當時尚是非常保守的時代，而我已經是「國家級」，算是很臭屁的明星隊-群英女子排球隊的一員大將，彈力極佳，是極具威力的攻擊手，初、高中及大學時，學校的獎牌幾乎都是我的戰利品。猶清晰記得，我十八歲時，當時仍是國民政府的戒嚴時代，居然可坐上三天二夜的客貨船，遠渡重洋至香港長征，大夥都在暈船、嘔吐之際，唯獨我有著用不完的精力，非常興奮的在船上跑啊跳的，清晨去船頭迎接萬丈光茫的晨曦朝陽，讓我整天充滿著希望和活力，黃昏時，我躺仰在甲板上，欣賞著夕陽滿天的彩霞，慢慢的抖漏著我滿身的倦意。

深夜我又貪心的細數著滿天燦爛的星辰，讓思緒奔放在宇宙，天馬行空的描繪五彩繽紛的未來，澎湧的海浪沖擊著甲板和我滿懷萬丈的雄心，從十六歲起我帶著從小被保養得極好的身軀，馳聘在寶島各地，小小的職業選手，出自台北的小小女娃，又白又嫩且不可思異的，極具威力的「排球女攻擊手」，就這樣流竄江湖的做起職業選手，有錢又有閒且可玩樂天下的運動生涯，奠定我「胎前健康」的大資本。

◆養胎中愛情的滋潤對幼苗最珍貴，在愛中茁壯的胎兒最資優

二十一歲時，我如願的嫁給我夢中的白馬王子—章琦，他的純情與摯愛，感動了我少女的情懷，每天如醉如痴，詩情畫意的陶醉在浪漫的愛河中，我曾每天不斷地送小花給他；他也時常唱著醉人的情歌討好我，每天甜甜蜜蜜的過著只羨鴛鴦不羨仙的生活，不到二年，我們終於有了愛的幼苗，家人都歡欣鼓舞的雀躍著，時常我會快樂的吹起口哨，並騎著紅色的跑車（腳踏車），挺個大肚子到處兜風去（因為我太壯了，一般婦女千萬別如此喔！），一刻也閒不住，並且吱吱喳喳的到處告訴親朋好友說，我懷孕了！我懷孕了，而且是可愛的雙胞胎小公主呢！我們以歡天喜地的心情用愛、全神灌溉著小公主，她們受著愛情的滋潤，在胎中被照顧的無微不至。家母莊淑旂博士「特效的養胎秘方與坐月子法」的專業健康理論和實務，我幾乎一點也沒漏掉，例如該吃吻仔

魚、大骨熬湯等以助胎兒成長；又如，不該吃烤炸、鹹、辣及禁生冷飲食，以防生出過敏兒、氣喘兒……等，甚或不吃薏仁，以防流產……等，以及該做與不該做的事……等等，絲毫不敢馬虎，於是兩個雙胞胎小公主──惠如、敏如生下來就特別健康、乖巧、聰慧，讀書總是名列前茅，心算一～二級，頭腦非常靈光，無師自通的彈奏琵琶、吉他、電腦……創建了全世界獨一無二的體系──龐大而且完整的廣和坐月子王國，也讓我可以無憂無慮的前往世界各國安心的展覽、演講，甚至旅遊四方，想到我這聽話的孩子，戰戰競競地嚴格遵守這些「特效的養胎秘方與坐月法」，居然有這麼好的收獲，實在不得不佩服母親莊淑旂醫學博士的偉大！

之後，兩個雙胞公主長大了，也歷盡千辛的親身體驗了這套寶貴的理論，分別生了龍鳳雙胞胎與一龍雙鳳的三胞胎，而且個個都是標準體重，非常的健康，舉凡世界醫史中也是少之又少的！因此，除了感恩還是感恩，希望將此福報與心

得也能廣及回饋給所有準備懷孕，正需養胎的孕婦及正要坐月子的女性朋友，讓她們也能分享到這些寶貴的經驗與喜悅，希望親愛的準媽媽們，能和我們一樣嚴格遵守，並徹底的實踐，那麼妳們都會像我們一樣，會越生越美麗，越生越健康！在此深深的祝福大家！

廣和出版社　社長　莊壽美　二〇〇四年七月十六日

寫於台北天母

廣禧
月子餐宅配

當個快樂有自信、美麗又年輕的媽媽

姚怡萱

哪個女人，不希望自己在生產過後，還能漂漂亮亮地，讓人直嚷著說：「哎喲，要命哦—真看不出來妳生過孩子耶？身材那麼好—看起來又年輕—」說實在，以上這句話，是我從生完小孩，直到兩年後的現在，幾乎每隔一、兩天，總會有人說上一、兩次。驕傲嗎？那是必然的！

從得知懷孕開始，「小心翼翼」便成了自己跟周遭親友的最高指導原則。我自己則又加了一條：「要留下最美的回憶」。所以，我開始進行「大作戰」。從日常生活飲食、心理轉變，到為還沒出生的寶寶寫日記（記下懷孕期間的種種），蒐集各種對媽媽、對寶寶都有用的資訊，同時還閱讀大量「教科書」（包括莊老師的書籍在內），生產時還選了放心的坐月子料理外送中心，從產前到產後，我都以優待寶寶、優待自己為指標。如此種種努力的成果是，不管認識或不認識的人的眼中，我都是快樂、有自信、美麗又年輕的媽媽。

你也想當個快樂有自信、美麗又年輕的媽媽們？一起來加油吧。

民視記者　姚怡萱

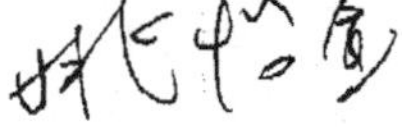

民視主播 姚怡萱 產後訪談

一般人都有坐月子的觀念，但要如何正確的把月子坐好，卻沒多少人能知道而且徹底的做好。在朋友的介紹下，在懷孕末期我接觸到了「廣和」，了解到他們是依循「莊淑旂博士」的坐月子理論，來提供產婦專業的坐月子服務。最後，我會選擇「廣和」來幫我坐月子，是因為他們的口碑好，新聞界又已經有多位知名主播讓他們坐完月子，成果都令人刮目相看。在多方考慮之下，便把坐月子的事委託給「廣和」。

整個懷孕過程我重了十四公斤，寶寶體重3,800公克，一切都還算正常。但值得一提的是：在產後一週我已恢復了懷孕前的體重，我想應該是坐月子餐點調養的功效；而且以前常有手腳冰冷的現象，也獲得了明顯的改善；還有，產後回醫院覆檢時，醫生還說：很少看到產婦像我惡露排的這麼乾淨，表示我身

體恢復的情況非常好；再次證明了把月子坐好的功效。

坐完月子後回到工作職場，同事們都說：我皮膚、氣色顯得比以前要好，而且身材竟然看起來比懷孕前還要好，一點都不像剛生完小孩的產婦，無不感到訝異！而我更興奮的想要把這麼好的產品介紹給我週遭的朋友，好讓更多的婦女朋友一起受惠。

在整個坐月子期間，我一切都依照「廣和」專業的指導來進行，除了坐月子餐點、仙杜康和婦寶外，完全不偷吃、不偷喝其他的東西；雖然餐點真的沒什麼味道，而且每週菜色的變化也不大，吃到最後會有一點膩，但為了自己下半輩子的健康，我還是堅持把它們吃下去。另外，廣和調理師也一再的叮嚀：每天要綁莊老師獨創的腹帶來恢復身材，雖然一天要綁個好幾次，需要一點毅力來堅持；但坐完月子後，看到這樣的成績，我肯定了「廣和」在坐月子專業上的堅持，也相信「廣和」可以幫助我「越生越健康！越生越美麗！」。

第一篇 養胎篇

我懷孕了

有一句話：「上帝無法照顧每個孩子，
所以祂創造了母親。」
從懷孕的那一刻起，
這個責任就與母親形影不離，
縱然二百八十天不算短，
但若以製造一個生命而言，
卻是一瞬間的------------

新生命的開始

從受精的那一剎那，新生命誕生了！接下來，由受精卵逐漸成形為胎兒，我們可藉著母體內胎兒的變化來追溯生命的歷程和軌跡。新生命的開始，即是從精子與卵子受精成為受精卵的那一剎那！

有些女性以為月經不來，就表示有喜了，事實上這並不是絕對正確的，因為月經不來，有時是有其他原因的，譬如情緒的改變、過度興奮、或是過度憂傷，都會使月經過期不來。不過，如果反過來說，懷孕後月經就不來了，這倒是正確的說法。

在月經不來時，要確定是不是已經懷孕，最簡單的方法，就是驗尿，只要月經超過一、二天沒有來，就可以檢查，而且只要三分鐘，就可以知道結果。

一但懷孕，女性的生理上就開始起了變化，最早的改變是生殖器官的變化，差不多在懷孕第八週開始，生殖器官會有充血的情形，檢查時，可以看出子宮頸會有紫色斑，而且這個時候，多半的人會有噁心、嘔吐的情形，同時會感到比較容易疲倦；由於子宮慢慢增大的關係，會壓迫到直腸和膀胱，所以排便的習慣可能會改變，排尿的次數也會增加，常常一、二個鐘頭就想排尿。

有時候，這種懷孕期的嘔吐會很厲害，甚至於東西都不能吃，這種妊娠嘔吐是因為內分泌改變的關係，除此之外，生活及飲食方式不正確導致體內產生「脹氣」、或是心理因素的影響也很大。一般說來，這種嘔吐多半在懷孕三個半月到四個月時會自然痊癒，以後則胃口大開，所以這段時間，只要維持體重，調整飲食習慣及生活作息，並且多攝取胎兒成長所需的養分，就算媽媽本身不增胖也無所謂！

當妳知道懷孕了之後，要特別注意下列的事項：

一、不可以隨便服藥，有病必須請教醫師。

二、不要隨便照X光。

三、不要做任何的預防注射。

此外最好能按照時間做產前檢查。

產前檢查

古時候，人類的生產就像其他動物一樣任由殘酷的自然去支配。就是現在在某些落後的地區，婦女生產時，仍由自己來處理。隨著文明的進步，才由有經驗的婦女在旁協助，這就是今日助產士和產科醫師的由來。一直到最近，產前檢查才成為大家能夠接受的醫療行為。

產前檢查不但能夠防止胎兒的殘障，並能讓母親和胎兒，在分娩時都能順利和安全。其目的有三：

一、處理已發現到的異常。

二、早期發現疾病。

三、幫助產婦做養育後代的心理準備。

為了要能夠及早發覺胎兒的異常和母親的疾病，各大婦產科醫院均有詳盡的產前檢查項目，大抵可依懷孕的過程，分為早期、中期和末期三個階段。

在懷孕初期，產前檢查最主要的是須知：

一、孕婦是否適宜懷孕？

二、孕婦是否有其他疾病？

三、孕婦是否確實懷孕？

因此，在婦女月經沒如期來後不久，到醫院檢查時，就須要做：

一、詳盡的病史。

二、身體檢查。

三、各項檢驗：如驗尿、驗血及體重測量……等等。

在懷孕中期，必須注意的是：

一、母體的健康。

二、胎兒的成長。

三、胎兒的異常。

在懷孕的後期，我們所要達到的目標是：

一、孕婦的健康。

二、胎兒能否順利生產。

三、胎兒產後是否會生存。

產前檢查，在懷孕二十八週以前，最好每四週做一次。在28~36週時，則每兩週做一次。36~40週時，則須每週做一次。以確保孕婦和胎兒的安全。

每個孕婦都希望生下一個健康正常的孩子，就必須常做產前檢查。醫師會提醒妳不可吃某些東西，以免使胎兒畸形，還會告訴妳孩子長得好不好，最重要的是他能替你預防許多疾病的發生，使你和胎兒都不會受到危害。

孕期的生理變化

多數的婦女都知道，懷孕後身體會有許多的變化，但只有少數人正確的了解這些變化，因此往往變得很敏感，總認為自己出了不少的毛病，而真正須注意的危險情況卻忽略了！故於此，就生理上明顯與不明顯的變化作一簡單的說明：

一般的變化

1 體重增加：

最初三個月，因多數人都有「妊娠嘔吐」的情形，體重有時未增加，反而減

少，但一般都差不多增加一公斤左右，以後則增加較多，至生產時，約可增加十二—十四公斤左右，如增加太多，應予控制，以免胎兒太大，或影響母親日後身材的恢復。

2 情緒的改變：

懷孕後，常變得易激動、易怒、憂慮…等，不過由於孕婦對孩子的期望，丈夫或親戚的關心及慰問，以及對醫護人員的信賴等，大都能圓滿的經過此過程。

3 皮膚：

懷孕五個月以後，因腹部的脹大，引起皮膚斷裂，而成紫黃色的斑紋，稱為妊娠紋，有時大腿，臀部亦有此現象，通常於分娩後則逐漸變為白色。此外，腹中線的顏色也會加深，這是因為皮膚色素沈澱的關係，甚至於連疤痕的顏色也變深，更有許多孕婦，臉上出現雀斑或妊娠斑，加上汗腺分泌旺盛，也比較容易出汗。

4 消化系統：

自懷孕第六週起，有些孕婦會覺得噁心、嘔吐，尤其是早上起床尚空腹時，有時亦有胃灼熱的感覺。一般約須至四個月後，才逐漸好轉，以後則胃口大開，同時，飲食的嗜好也會改變。

5 泌尿系統：

在懷孕的前三個月及最後三個月，會感覺排尿的次數增加許多，這是因為膀胱受到壓迫所致，有時晚上睡覺時，須爬起五、六次，而且因輸尿管也受到壓迫，排尿時，尿常無法完全排出。

6 呼吸系統：

子宮增大後，將橫隔膜往上擠壓，故呼吸常感迫促，上樓梯時更甚，脈搏

也略有增加，體溫也較平時稍高。

7 循環系統：

「妊娠性貧血」的發生，是多數孕婦都有的。這是因為懷孕後循環血量雖然增加百分之二十，但血中的水份也增加，故血色素就相對的減低，所以許多孕婦常感頭暈、或時而暈厥。此外，心臟的負擔也會增加，但正常情況下並無不適的情形發生，只是偶感心悸。

局部的變化

1 乳房充血、發脹、有壓痛、且較為敏感，乳暈處增大，顏色變深，乳頭亦變成暗褐色，在懷孕六個月後，常可擠出少許半透明的液體。

2 陰道組織增厚、變色、且變軟，分泌物也增加，故婦女於懷孕後常感白帶增加，即為此因。

3子宮逐漸增大，開始時速度較慢，三個月後子宮即可出骨盆腔，此時，由外表就可看出隆起的腹部，而且輸卵管和卵巢也會跟著充血及肥大。

4子宮頸口變軟，且呈暗紅色，而且黏液的分泌亦增多。

內分泌的變化

妊娠期中，有新的內分泌腺形成，即妊娠黃體和胎盤，此種新增加的腺體，會影響體內原有的分泌腺，使其作用發生不同程度的改變，並且會影響妊娠的發展和孕婦的外觀。

懷胎十月母體的變化

一～二個月

◎陰道分泌物增加，乳房和乳頭變大，而且非常敏感。

◎孕吐開始，喜歡吃酸的食物；對食物的嗜好改變。

◎月經已停止，但少數人第一個月尚有少量的月經樣出血。

◎子宮約如鵝蛋大小。

三個月

◎孕吐增強，脾氣變得焦躁，情緒極端不穩定。

◎小便次數增加，間隔接近；容易便秘。

◎容易有頭痛、腰痛、關節痛等現象；害喜到這個月末可消除。

◎子宮如拳頭大小，母體外型尚無變化。

四個月

◎乳房逐漸膨大，乳頭和乳頭周圍變成暗褐色。

◎子宮內胎盤發育完成，即將進入安定期。

◎子宮變得像一個小孩的頭那麼大。用手輕按下腹時，可以感到子宮已經變得很硬。

五個月

◎由五個半月起，不論自己或別人都會看出腹部逐漸膨大。

◎雖然知道有胎動，但不到月末仍聽不出胎兒的心音。

◎經產婦比初產婦早感覺胎動，初產婦往往到了第六個月才有感覺。

◎子宮約有大人的頭大。位置高達肚臍以下、橫兩根手指的地方。

六個月

◎此時是流產最少的安定時期，但需要適當的運動。

◎下肢及外陰的部位有紫色浮腫，這是因懷孕而產生的靜脈瘤。

◎子宮底長度約為18～20公分。(子宮底的高度就是由恥骨至子宮上端的尺寸)。

七個月

◎容易發生痔瘡。

◎雙胎懷孕在這時候容易診察出，因體重增加相當多。

◎子宮底的長度約為21～24公分；膨大的下腹已相當醒目。

八個月

◎此時容易發生妊娠毒血症。

◎長時間站立下肢會發生浮腫，故需要多休息。

◎乳房及下腹部會發生紅色筋，此謂妊娠紋。

◎乳房、下腹及外陰部的顏色沈著。

◎子宮底長度約為25～28公分

九個月

◎乳腺有時會有奶汁排出，應輕輕拭擦保持清潔。

◎子宮底已上昇到心窩的部位；子宮底的長度約28～30公分。

十個月

◎懷孕末期的體重比懷孕前增加約12-14公斤。

◎有時腹部會感覺不規則的緊張。

◎為了便於生產，產道已經充血，變得非常柔軟，而且容易伸張。

◎十個月末子宮底約為32～34公分，此時子宮下降，胃的壓迫感減少。

孕婦飲食與生活管理

從懷孕的那一刹那起
腹中的生命誕生了！
小小的生命緊緊依附在妳的懷裡，
這時，只有最親愛的嗎咪
獨一無二
可以讓小生命完美成長！
再怎麼辛苦，
也要做好「養胎」的功課，
然後快樂等著與寶貝相見！

養胎的重要性

所謂「養胎」就是婦女在懷孕期間正確的飲食、生活及消除疲勞的方法，而其中又以孕婦的飲食管理最為重要，因為胎兒成長所需的養分來源，唯一的管道就是母體，也就是說：媽媽吃什麼，小貝比就吸收什麼！所以想要小貝比出生之後先天體質高人一等，就要看媽媽懂不懂得在懷孕期間做好飲食管理，提供給小貝比既正確又充足的養分。

一至四個月該注意什麼？

眾所周知，懷孕期間的飲食十分重要。但並非隨著孕婦本身的好惡任性而為，更非一般所認為的「餓了就吃」、「一天吃五餐」。最好的方式是按照莊淑旂博士所提倡的3:2:1飲食原則----若把晚餐分量當成一份，那麼早餐就要吃到晚餐分量的三倍，午餐則為兩倍，換成口語化，即為「早餐要吃得好，中餐要吃得飽，晚餐要吃得少」，至於宵夜則一定禁止。因為吃了宵夜，使腸胃無法休息，容易產生脹氣，並且會影響到睡眠品質，間接使孕婦出現便祕、頭痛、胃痛等症狀。

由於生活的步調的影響，大多數人都是早餐草草解決或不吃，午餐以填飽為主，晚上下班回家全家團聚，於是吃下一天中最豐盛的一餐。這樣的習慣到了懷孕，一定要改過來！

為了讓早上有能量工作，早餐最好吃富含蛋白質及熱量的食物，以肉類及內臟類為主；到了中餐，口味及營養由魚、貝、海鮮類負責供給；晚餐因為是一天中的最少量，而且為了減輕腸胃的負荷，最好以清淡為主，能少吃盡量少吃，尤其是大塊魚、肉，更應避免。在初期適應期，可以加入少量絞肉混合干

貝蒸粥，待慢慢適應後，再逐步降低肉的份量。除此之外，每一餐中，都必須吃一大盤青菜，使營養的攝取完整。

懷孕初期的第二個守則是生活一定要規律。不論過去生活有多偏差，一但發現懷孕，就要盡量調整過來。早晨起床後、早餐前先進行散步，採一直線走路法；中午如有午睡習慣，須改變過去吃完再睡的方式，因為那樣會更疲勞。最好的方法是先午休二十至四十分鐘，職業婦女如果能躺下休息最好，如果不方便，則全身放鬆閉目養神，然後再吃午餐，吃完後休息五分鐘再工作。

第三，工作量大者，須先調整工作內容。

第四，勿跑、跳、騎腳踏車；提超過二十公斤的重物，盡可能請人代勞，萬不得已非自己來，也可改為雙肩背或用手推車；手勿高舉、墊腳尖，因會造成韌帶伸展，易流產。

第五，勿長途坐車，只要超過四十分鐘者就算。因為車行顛簸加上長時間坐著容易造成內臟下垂，在懷孕末期還易有腰骨酸痛的情形，至於中期(約四至六個月)，因情況較安定，所以可以坐久一點。

第六，盡量避免抱小孩。這一點對很多懷第二胎的婦女較難做到，就需要家人的多多配合，以便一起迎接健康的小生命。

第七，沐浴方式須採淋浴，以蓮蓬頭沖腋下、脖子(甲狀腺處)及鼠蹊部，水不可過熱或過冷。為減輕孕婦一天的疲勞，可以採用莊淑旂博士推廣的「沖腳法」，方法如下：

1 孕婦準備一張高度合宜的椅子坐著。

2 以蓮蓬頭沖腳踝周圍、後腳跟、腳指間及腳底板，各沖三次，以冷熱水交替，每次沖十至二十秒。如果疲勞的情形嚴重，可以在沖後腳跟時，採用較熱的水。由於全身穴道都可在腳底找到，因此沖腳可以促進血液循環，解除身體上的不適。

第八，睡前進行簡單的按摩。這部份將在後面章節中詳細介紹。

五至九個月該注意什麼

對孕婦而言，懷孕初期是最不穩定的時期，所以，生活起居、休閒娛樂、飲食作息都要在「安全控管」之下進行，如長時期搭車在懷孕初期就是要盡量避免的；但懷孕到了中期，因為屬於安定期，所以，可以進行旅行活動。不過，前幾週談的飲食原則須維持不變。因此時肚子漸大，中餐、晚餐前仍須躺下休息十分鐘，讓腰椎及骨盆腔獲得充分休息，避免壓傷，而且，所有的按摩活動也應盡量照舊。

常有人質疑，到底安胎飲該不該喝？因為這部分的理論，中西醫有不同的看法。不過，有人謂喝了安胎飲會造成流產。據莊博士的說法，安胎飲造成流產的原因，主要是因為胚胎本來就不好，當然，最保險的方式，還是找合格的中醫師把脈後再開處方。

為了維護母體與胎兒的健康，安胎飲最好早點喝，喝法是：懷孕第四個月喝四帖、第五個月喝五帖，依此類推，一直喝到第八個月八帖為止，至於哪幾天喝，則自己依時間調配。安胎飲在一般的中藥店就有，即所謂的十三味。

懷孕到了末期，肚子裡的小貝比長得特別快，許多孕婦因此刻意多吃，結果卻造成媽媽虛胖、小貝比不夠大，都是因為吃的方法及東西都不對。

為了讓小貝比能得到真正需要的營養，不僅須遵守飲食3：2：1原則，晚上尤其不能吃大魚大肉，而是吃高鈣、高蛋白蒸粥，再加上一大盤蔬菜，如此媽媽不虛胖，此時正長肌肉的寶寶，又能獲得營養，養成良好體質。

●大骨熬湯

所謂高鈣高蛋白蒸粥，高鈣，指的是用大骨熬湯。作法如下：

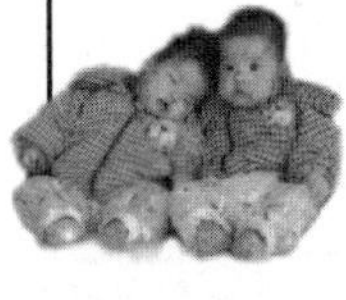

整副豬骨（含豬大骨、脊椎骨、龍骨、尾冬骨），加上小魚干（分量為豬骨的十分之一）及十二倍的水，合燉六小時，中間可加一或兩匙白醋，使豬骨中的鈣質釋放出來。

為方便熬煮，最好用大鍋燉，先開大火煮開後，以中火加蓋燉六小時。待冷卻後，再分袋放冷凍庫，當成料理的湯頭。要煮的前一晚，再拿出來退冰，省事又符合衛生原則。

●高鈣高蛋白蒸粥

材料：高鈣湯頭一袋；米適量（用糙米更好）；吻魚、干貝、蚵、魚片、瘦肉等變換食用（總重約為一百公克）；蘿蔔絲、高麗菜、山藥等適量蔬菜。

作法：1 將湯頭解凍後，放入所有材料熬煮。

2 煮好後，加少許芹菜末、白胡椒粉刺激腸胃蠕動，但須注意，不可用黑胡椒粉代替，因為會過於刺激。

3 如果怕份量不夠，可以在粥裡再加一點肉絲。

產前一個月該注意什麼

懷孕末期對孕婦來說是最難捱的時後，肚子太大行動不便之外，伴隨而來的各種症狀也令孕婦感到不舒服，不過，再怎麼不耐，孕婦還是得忍耐，想想看，再不久，一個可愛白胖的小寶貝就要降臨了，怎不令人興奮呢？再從另一個角度看，生出來後，養育上的種種生疏與不便，說不定，妳反而會寧願它待在肚子裡呢！

在懷孕到第八個月，就要開始為生產而準備。一方面要做「涼補」的工作，改善體質；再者，如有任何症狀，就要以改善症狀為主。

產前如何涼補

以喝蜂蜜水為主，調理方法為：以室溫或微冰的冷開水，倒入濃淡適中的蜂蜜調勻即可。蜂蜜的分量可依個人喜愛加減。但開水絕不可用溫開水或熱開水，因為用此溫度調蜂蜜水，孕婦喝了容易產生脹氣或拉肚子。

蜂蜜水的用途不少，尤其在生產時更有妙用。最好在赴醫院生產前，預先準備好一百六十西西的熱開水，加入愈濃愈好的蜂蜜（約兩百西西，以能容忍的極限為主）調成濃稠的蜂蜜水，在產前陣痛開始、開兩指破水之後喝，可以幫助縮短產程、減少痛苦，不過此法只限自然產，據試用過的產婦表示，效果很不錯。

高齡產婦預備動作

此處所指的「高齡」是指三十六歲以上，適用此準備法的還包括多胞胎、胎位不正、習慣性流產，而要採取自然產的產婦。方法很簡單，只要在產前準備人蔘酒，生產前再加入蜂蜜調勻喝下即可。

製作人蔘酒須在產前一個月，以十公克人蔘加一百西西米酒，密封一個月，當陣痛一開始即隔水蒸一個小時（內鍋及外鍋均須加蓋），喝前加入兩百西西蜂蜜（以能忍耐的程度為限，但原則上愈濃愈好），喝了後可以增加體力，有助縮短產程。人蔘可增加體力，但產後絕對不可以吃人蔘。

剖腹產預備動作

剖腹產除了動刀的問題外，最令產婦顧忌的是麻醉手術，因為根據中醫師的說法，麻藥並不會隨著新陳代謝排出，長此以往，對健康當然有負面作用，而「養肝湯」正好在此時派上用場。養肝湯可以排解麻藥的毒性，也可減輕手術後的疼痛，孕婦一定要記得喝。其實養肝湯對自然產的產婦也有幫助，因為喝了養肝湯生出來的小貝比皮膚都很好，準媽媽不妨一試。

養肝湯的作法

每天用紅棗七顆，洗淨，每顆以小刀劃出七條直紋幫助養分溢出，然後用滾水兩百八十西西加蓋浸泡八個小時以上，接著再加蓋隔水蒸一個小時即成。為免夏天天熱，水易變質，浸泡時最好把養肝湯連容器一起放進冷藏室。

養肝湯的喝法

不論自然產或剖腹產，須在產前十天開始喝，每天喝兩百八十西西，冷熱皆可，一天分二至三次喝完。產後仍須持續喝兩個星期，不過要把滾水換成煮過、酒精完全蒸發的米酒水或「廣和坐月子水」。養肝湯雖好，卻不能太早喝，因為會上火。同樣的，紅棗的數量也不能多，七顆剛剛好，多了一樣上火。

坐月子預備動作

小貝比快迸出來了，有心好好養胎的父母，想必對於孩子出生時的一切也有計畫地進行中。在此須提醒新科父母，須在坐月子前二個月做好準備：

1 坐月子的飲食要事先安排好。坐月子是女人一生中，改變體質三大機會之一，所以，是家人煮？到坐月子中心？或者找專人負責，都需要事先安排。月子做得好，身體也能獲得改善。

2 對於坐月子時的生活安排，也要預做心理準備。因為坐月子時一定要躺臥床上，如果自己躺不住，最後受害的還是自己。所以，必須要能耐得住。

3 小貝比的照料：最好的方式是安排他人照顧，這個好處是產婦可以獲得充分休息，千萬別因為滿溢的母愛而輕忽了這項安排。很多產婦月子做不好，都和自己要帶孩子有關，而且長時間抱孩子，以及抱起放下的動作，都會讓產婦日後腰痠背痛。

吃出頭好壯壯的寶寶

什麼能吃、什麼不能吃
都有道理可循；
什麼好吃、什麼不好吃
卻只有媽媽才能體會。
但為了讓孩子有優良的體質
面對這個惡劣的環境，
再怎麼不願意，
依然只能硬著頭皮—下嚥

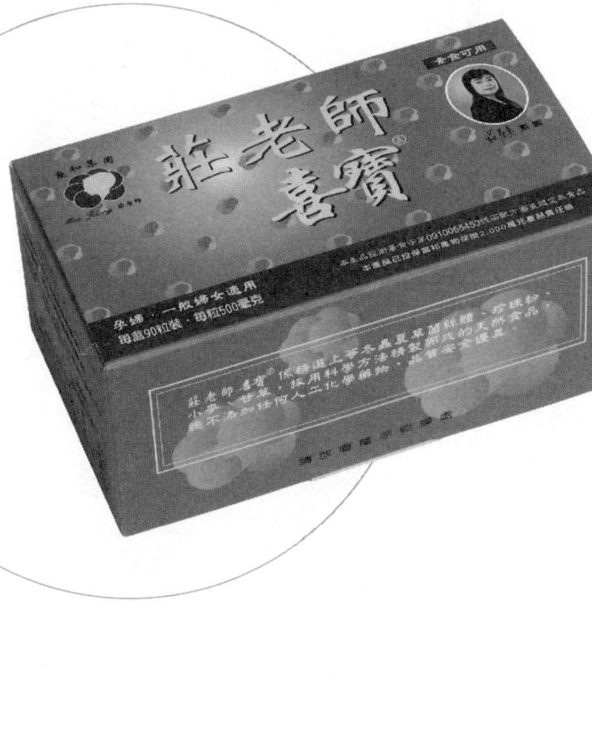
素食可用
莊老師
喜寶
孕婦．一般婦女適用
每盒90粒裝．每粒500毫克

養胎飲食要訣

孕婦在懷孕期間，需要有意識補充的養分有三項：

1 **天然鈣質**：可避免媽媽鈣質流失、骨質疏鬆，並且提供給小貝比成長骨骼。

2 **高蛋白質**：提供小貝比成長肌肉及內臟。

3 **大量蔬菜**：每日須攝取三大盤蔬菜來提高媽媽的代謝力，以便小貝比充分吸收成長所需的養分。

從頭到尾都得鈣！孕婦補充鈣質的重要性

養胎飲食要訣中，補充大量的天然鈣質可以說是最重要的一項，因為小貝比在媽媽的肚子理，從完全沒有，到形成一個胎兒長出完整的骨骼，需要超大量的鈣質，而小貝比才不管媽媽本身的鈣質夠還是不夠，他要吸收，就會從母體直接吸收，這時，如果準媽媽不懂得用正確的方法來補充鈣質，而一昧的只懂得付出，就會產生二種結果：

1 小貝比因為鈣質吸收量不足，容易造成發育不良。

2 媽媽本身生產後容易造成腰酸背痛、鈣質流失、骨質疏鬆、未老先衰，甚至會提早更年期！

所以補充天然鈣質是每一位準媽媽必要做的功課。

孕婦補鈣的方法

孕婦補充鈣質的前提是：必須補充天然鈣質！因為一般含有化學成分的鈣片不容易被母體所吸收，媽媽都吸收不到了，小貝比當然更吸收不到！況且醫

學證明，服用過多含有化學成分的藥品，會對人體的肝臟、腎臟造成負擔，所以每一位準媽媽都應該按照以下的方法來補充天然鈣質。

天然鈣質補充法有四種，須全部都做，才能完整的做好養胎的功課。

一、大骨熬湯：

材料：一隻豬的全副大骨（含四隻大腿骨、脊椎骨、肋骨、尾冬骨及尾巴）、小魚干（丁香魚）600公克、白醋100cc、水。

作法：將豬骨洗淨、川燙後敲裂痕放入鍋中，加入小魚干，再加入材料體積約12-15倍的水，最後加入100cc的白醋，加蓋，以大火煮滾後改以中火滾6小時即可。

吃法：待大骨湯冷卻後，去除大骨及小魚干，只取湯，平均分成15份，放入冷凍庫保存，每日取一份食用。

備註：

1 做一次大骨湯為一個孕婦及胎兒15日的份量。

2 豬骨亦可更換成牛骨、雞骨、或大魚頭，但須注意份量須充足。

3 可將大骨熬湯當成料理食物的湯頭或直接服用，但注意須每日服用不可間斷，才能達到養胎的目的。

二、每天食用一百公克的小魚干或吻仔魚。

三、鮮奶、羊奶或奶粉，每日三次，每次150cc。

四、服用莊老師喜寶，每日三顆，連續十個月：

莊老師喜寶是用生物科技的技術，萃取出天然的鈣質，再濃縮成粉末做成膠囊，是純天然的食品，喜寶經檢驗證明，每一百公克所含天然鈣量是大骨熬

湯的10000倍，是孕婦最方便、最有效的天然養胎聖品，建議準媽媽不論目前懷孕幾個月，均連續服用十個月的喜寶來補充流失與不足的鈣質（註：喜寶一盒90顆，為30日量）。

孕婦可多吃的食物

蓮藕、白蘿蔔、紅蘿蔔、白菜、黃瓜、香菇、海帶、貝類、魚類、小魚干、大骨、排骨、鮮奶、蔬菜、雞肫、糙米、莊老師喜寶……。

蓮藕可以鎮定神經，幫助排便，促進新陳代謝，消除脹氣，使賀爾蒙協調；白蘿蔔可以消除脹氣，利尿；紅蘿蔔可消除眼睛疲勞，增加小腸吸收功能；白菜、黃瓜為涼性食物，可中和孕婦體溫，消除脹氣，增加代謝力；香菇可促進新陳代謝並防癌；海帶則富含碘而列入建議；干貝（貝類）有安定神經的功效；魚類除含豐富的鈣質外，還可補充蛋白質；大骨、排骨、小魚干及鮮奶可補充鈣質；蔬菜可增加代謝力，排除體內毒素；雞肫可以幫助消化吸收，但處理時須注意，必須完全洗淨，並留下「雞內金」（即裏面的黃膜）；糙米可增加代謝力；莊老師喜寶含天然鈣量為大骨湯的10000倍，除可補充鈣質外，亦提供了孕婦所需的蛋白質，並可提高代謝力。

孕婦除可多吃以上食物外，還須遵守3：2：1的飲食原則，也就是將一日食用的份量分成六份，則早上吃三份，且以肉類為主食，並須配上肉類二倍以上的蔬菜；中午二份，以魚類為主食，同樣須搭配蔬菜；晚餐份量為一，以貝類及小魚或蘿蔔汁蒸粥為主食，並搭配一大盤蔬菜。

另外在烹調的方法上，宜多以蒸、煮、燙、炒等方式料理，並最好能選擇單一味飲食，即鹹、甜、酸、辣等味道不要混和烹調食物。

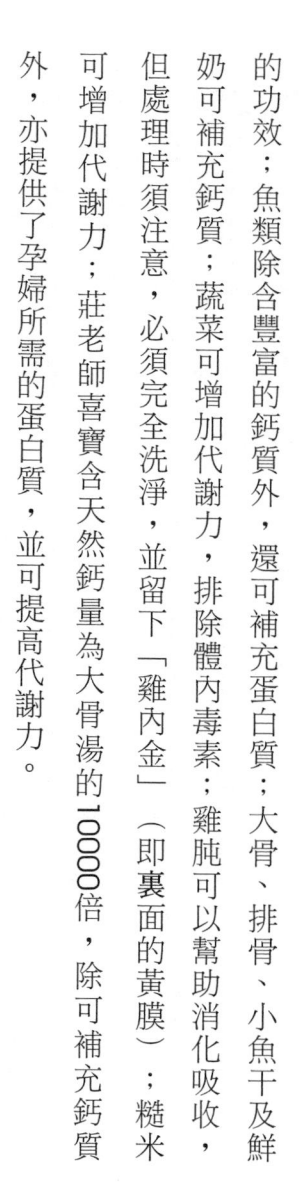

就算嘴饞也不能動口的食物

1 蝦（含蝦米）、蟹：

蝦蟹的賀爾蒙十分旺盛，對於因懷孕而處於賀爾蒙分泌不協調狀態的孕婦來說，最好不要吃，因為容易造成賀爾蒙失調。

2 豬肝：

乃破血之效，許多人認為它補血，事實上它是破血（化血）的，所以懷孕初期大量吃豬肝，易導致早期流產，中期易生過敏兒，末期易導致早產。

3 生冷及冰的食物：

雖然產前需要涼補，但指的是食物的性屬涼性，並非指生冷或冰的食物；生魚片、生菜類等生冷的食物，因未經消毒殺菌，容易造成拉肚子；冰的食物及飲品，會影響胎兒氣管發育，容易生出過敏兒。

4 太鹹、太辣、烤焦及油炸的食物：

太鹹、太辣者對胎兒太刺激；烤焦者對上呼吸器官神經粘膜有影響，兩者都易造成過敏體質。

5 薏仁：

其作用為消除體內異常細胞，但因受精卵對人體來說，並不是正常細胞，薏仁的功效恐怕會抑制受精卵的成長，所以應儘量避免攝取。

6 韭菜、麥芽（糖）：

產後退奶時很有效，但孕婦食用會影響賀爾蒙的分泌，且易造成噁心、嘔吐。

養胎聖品！「莊老師喜寶」

莊老師「喜寶」是台灣廣和集團經過多年潛心研製，並得到眾多消費者認可的孕婦理想保胎營養食品。內含冬蟲夏草菌絲體、水解珍珠粉鈣、孢子型乳酸菌等天然成分，營養成分高，特別適合孕婦以及胎兒對鈣質及蛋白質的吸收，使孕婦免除骨質疏鬆的煩惱，讓胎兒在出生前就達到補鈣的目的，絕不含任何人工化學成分，品質安全可靠！婦女於懷孕期間，每日只要服用三粒、三餐飯前各服一粒，就能達到養胎的目的，可以說是孕婦最方便、最有效的孕期養胎聖品！

附註：1 孕婦於懷孕期間每日三粒，飯前各服一粒。產婦及更年期婦女每日早晚各服兩粒。

2 本產品採膠囊包裝，為純天然的食品，每盒90粒，對膠囊不適者可拔除膠囊服用，沖泡溫開水服用亦可。

一日三餐都好吃早餐、中餐、晚餐建議食譜

■早餐　一天中最精彩的一餐

除了西式早餐，中式早餐大多是稀飯配上醬菜打發，這個方法到了懷孕期就要再檢討了，原因是吃不飽，工作到了上午十點多，肚子就餓了，於是只好再塞些餅干、麵包，或吃小吃打發；時間到了中午，問題來了，因為午飯前最好先休息二十分鐘再進食，可是因為上午吃過的東西尚未消化，於是午休品質相形降低，更影響中午的食欲，中午沒吃飽，下午又得再填肚子，一整天就這樣惡性循環，沒有一餐能夠吃得對又吃得剛好。

因此，懷孕期間的早餐，最好改為乾飯，而且是糙米飯，因為糙米可以加強新陳代謝，孩子吸收得到營養。

早餐菜色以肉類為主，為避免吃膩，可以豬牛雞羊等各種肉類交叉食用。分量約為一百至一百五十公克，可視個人狀況增減，但平均在兩百公克以內最佳；蔬菜類是主菜的二至三倍（每餐皆如此），除了綠色蔬菜外，其他如蘿蔔、海帶、蓮藕、馬鈴薯等蔬菜都是。

●推荐食譜

醃肉蒸飯

前一晚把已切好的肉類放進容器，加入比率為十比一的米酒和鹽巴醃，醃料須蓋過肉，再加蒜末殺菌。

早晨起床散步前，先把米洗好，菜洗切好，將醃肉與米飯以一上一下的方式放進傳統電鍋，出門前按下開關，散步後，再燙或炒個青菜，就是一頓營養豐富的早餐。

蘿蔔排骨湯燙肉

前一晚先熬好一鍋蘿蔔排骨湯（亦可用其他湯代替），並且將肉拿至冷藏室退冰；第二天一早把湯加熱，然後把肉放進湯內燙熟。散步前先把飯煮上、菜洗切好，回來後很快就有東西可吃。

待肉燙熟、蔬菜燙或炒好後，吃之前，在盤子表面抹上一層薄鹽，將燙好的肉放進盤子沾鹽吃，有肉有菜，還有富含鈣質的湯可以喝！好了，準備開始一天的忙碌吧！

■午餐　海鮮貝類主打的輕午餐

孕婦的午餐以魚、貝類等海鮮為主，但須避免食用蝦蟹，因為會造成胎兒過敏體質，生魚片也在禁止之列，以免因殺菌不完全，受到感染。

每天吃魚的好處多多，尤其是補充鈣質與DNA，報導上多有批露。為免吃膩，不同魚類與貝類可以換著吃，作法上最好用蒸或煮的，炒或煎的容易吸收多餘油脂，僅可偶一為之。

以下為推荐食譜，事實上，中餐只要謹守飲食比率3:2:1原則，以海鮮貝類為主，再加上一大盤的蔬菜，營養就很完整。

●推荐食譜

干貝白蘿蔔排骨湯

材料：白蘿蔔（亦可換成蓮藕）、排骨等重，干貝為材料的十分之一分量，例如白蘿蔔汁（或蓮藕）與排骨的總重量是四百克，那麼干貝就放四十克，依此類推。

作法：上述食材處理過後，放進鍋裡燉兩個小時以上，即成。

在一般人的印象中，白蘿蔔屬涼性的食材，吃多了會【太涼】。其實，【產前涼補，產後熱補】才是正確觀念，而且白蘿蔔可以消除脹氣，減輕懷孕期間的不適感，因此，在孕期中，不少建議食譜將用到白蘿蔔或白蘿蔔榨汁。

干貝的作用是鎮定神經；加了排骨可吸收鈣質，而替換白蘿蔔的蓮藕，除了安定神經，還能幫助排便，容易感冒、有過敏體質的孕婦更應大量攝取。

翡翠魚羹

材料：雪裡紅切碎、嫩豆腐一塊、黃魚一尾（此法用黃魚做最好吃，亦可用雪魚）肉片切成一點五公分見方、少量竹筍切成絲狀、薑片兩三片。

作法：

1 用水煮薑片，待水開後續煮一分鐘，撈起薑。

2 放進其餘材料，煮開後，放適量的鹽，再以太白粉勾芡即可。

清蒸鱈魚

材料：鱈魚一片，少量蔥段、薑片、大蒜。

作法：

1 將鱈魚洗淨，抹少量鹽。若不想抹鹽，可以少量豆鼓、加一點醬油代替。

2淋少量酒，加上蔥段、薑片及大蒜。隔水蒸十五分鐘即可。

■晚餐　只要營養不要負擔

晚餐須吃一天中的最少量，以清淡為主，謝絕大魚大肉，好讓腸胃休息。尤其是上班族，更要改掉過去拿晚餐當重頭戲的作法。一旦腸胃通了，身體的不適自然改善。以下的推荐食譜可以替換成白稀飯，菜色則以清淡為宜，並且仍須搭配大量蔬菜。

●推荐食譜

白蘿蔔汁干貝蒸粥

材料：米杯半、白蘿蔔汁三杯（須純汁，亦可與紅蘿蔔汁各一杯半）、干貝一個（可在上午出門前先泡熱水）、香菇絲少許、山藥、紅蘿蔔絲、高麗菜適量。

作法：

1 所有材料混合，蒸一個小時。如果使用傳統電鍋，則在外鍋加八分滿的水蒸，才能蒸足一個小時。

2 起鍋前加適量鹽及少量白胡椒粉。

白蘿蔔汁的分量約為米的五至七倍左右。此蒸粥可以預防或減輕害喜症狀，輔助排氣；加少量白胡椒粉可以促進腸胃蠕動，但絕不可加黑胡椒粉，會太過刺激。

除了干貝，吻魚或其他海鮮類均可代替。對於體形瘦弱、較無體力者，可以將白蘿蔔汁的一半分量換成紅蘿蔔汁。

飲食習慣改變初期，可能會不適應，而且晚上會感到肚子餓，所以，建議加上蒸肉餅，方法如下：豬或雞的絞肉一百克以內、破布仔（分量為肉的十分之一）、少量醬油、少量水，將上述材料混合後，蒸十五至二十分鐘即可。

讓媽媽身心，舒暢的馬殺雞

「按摩」，表面上看來只是肢體動作，
但其間所牽動的影響，
只是孕婦才能心領神會；
同樣地，
爸爸出動為媽媽按摩，
每一步驟所蘊含的愛意，
卻是連肚子裡的小貝比都能感受得到——

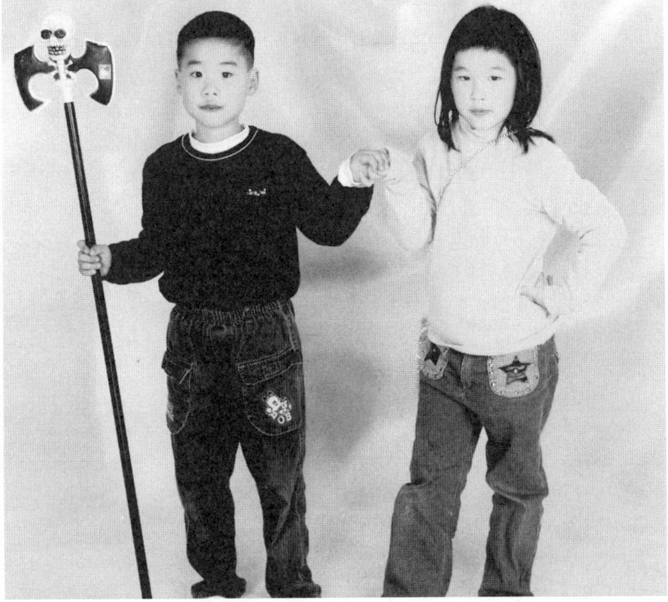

請爸爸盡心力

孕婦在懷孕期間要保持心情愉快，其實是一件不容易的事，由於體形及荷爾蒙的改變，一些常見的症狀如頭痛、脹氣、食慾不振、勞累，甚至腰痠背痛等，都會直接、間接影響孕婦的心情與對食物的攝取；要改善這些症狀，除了可以從飲食著手外，飯前及睡前的按摩也可以有立竿見影的效果。

經莊淑旂博士設計的飯前按摩，事實上是一整套按摩法，亦即一做就該做完所有動作，但是考量到一般孕婦，尤其是職業婦女，時間上十分有限，因此將其拆解為一天三餐飯前，再加睡前進行，分次做之後，所需的按摩時間僅數分鐘，比較能夠持續進行。

這整套按摩動作中，部分動作必須由旁人協助完成，這個「旁人」，當然是先生為第一優先，畢竟，懷孕養胎絕不是孕婦個人的事，要生養健康寶寶，也不是孕婦個人的責任，所以，儘管三餐飯前都要做，似乎有些麻煩，事實上，需要的時間並不長，只要持之以恆，一定能看得到成效。

●晨起按摩法

合掌法

台灣患有過敏的人不少，其中當然也包含不少孕婦。有過敏困擾的孕婦，早上起床前可以採取「合掌法」改善過敏現象。

方法：

1 取掉枕頭，身體完全平躺。兩腿伸直，深呼吸，再緩緩由下腹部將氣完全吐盡，吸吐動作共做三次。

2 雙臂張開，上舉至與雙肩呈垂直狀，雙手合攏，手掌上下交互摩擦至產

生電熱能為止。

3 當手中有熱度時，立刻把雙掌交疊合掌，防止熱氣流失，並且立刻將此合掌掩住鼻口，慢慢將氣吐出。熱氣吐完後，再重複2至3的動作，共做十二次。做完後馬上戴上口罩，再開始晨間活動。

一直線走路法

起床後、吃早餐前，還須到戶外進行「一直線走路法」，時間約二十分鐘。方法如下：

1 臉微微上仰，收腹，背脊挺直，兩手以前三後四的比例擺動。

2 行進時，腳跟先著地，腳尖最後觸地，並且走一直線前進。一直線走路法可以消除肩部痠疼與腰部沈重，使心情保持愉快。

運動回來後，最好沖個澡，方法是以蓮蓬頭沖腋下淋巴、下巴兩側甲狀腺及鼠蹊部，再以冷熱交替的方式，坐著沖腳踝周圍、腳指尖、後腳跟及腳板，每次沖十至二十秒。沖完後須平躺五分鐘休息再吃飯。平躺的作用就好比充電，必須全身放鬆，以恢復疲勞。

●午餐前按摩法

不論是否為職業婦女，午餐時都必須養成先按摩，休息再吃飯的習慣，但時間不必太久，這樣下午時間就能很有精神地處理事情了。

眼部按摩

午餐前的按摩以眼部及手部為主，如場地許可，先平躺按摩約十到十五分

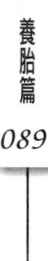

鐘。眼睛疲勞雖然很常見，但長此以往，易造成肩膀痠痛僵硬的毛病，而且，女性的老化是從眼部疲勞開始的，因此，眼睛的保養有絕對的必要性。

方法：

1 閉上眼睛，頭微抬，張開雙肘以雙手中指支撐鼻樑上額髮際處。

2 以拇指腹用力揉壓鼻樑兩旁、眼窩凹陷處。

3 再以拇指沿著眉骨由眼頭到眼尾處按壓。如果有眼睛痠痛的情形，則按壓至痠痛消失為止。

4 眼眶下緣也可以用中指壓揉，直至不痛為止。揉的時候必須咬緊牙根，收下巴，頸部後面要用力，效

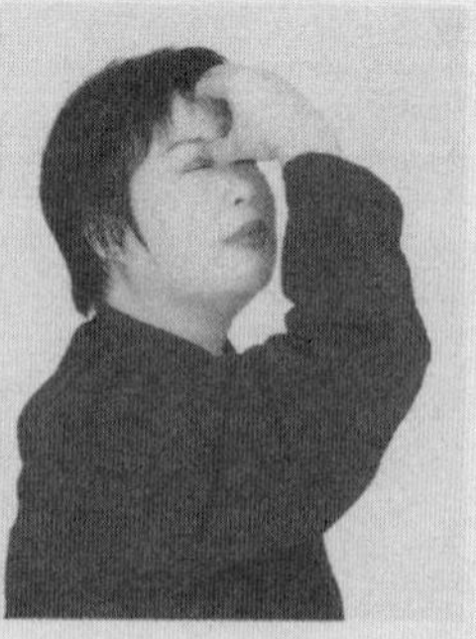

①頭微抬，張開雙肘，以雙手中指支撐鼻樑上額髮際處。以拇指腹用力揉壓鼻樑兩旁、眼窩凹陷處。

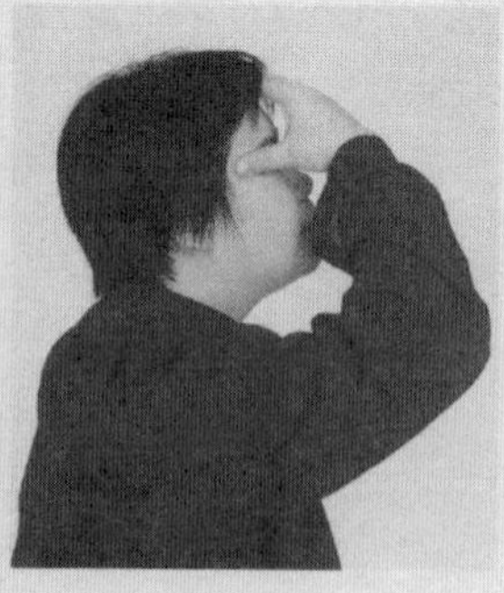

②再以拇指沿著眉骨由眼頭到眼尾處按壓。如果有眼睛痠痛的情形，則按壓至痠痛消失為止。

果才會顯著。

手部按摩

手是隨時用到的部位，所以也很容易產生疲勞。做手部按摩除了可消除疲痛外，刺激手背不常用的肌肉和指尖的末梢神經，還能收消除脹氣之效。

方法：

1 將一隻手掌心朝下置於桌上，手腕從手指尖方向算三指的距離作為起點，以另一手指尖，沿手背中央、小指側邊及拇指側邊向指尖方向按摩，到指尖時則稍微用力加壓，以刺激末梢神經。兩手交替進行，每手至少做十二次。

2 用一手的拇指和食指在另一手的每根指頭兩側進行按摩，完畢後換手操

作。

3 以姆指在上，食指、中指在下的方式，在另一手的每個指間（如拇指與食指間）進行按壓，然後再按壓手心中央。

手部按摩分解圖

①手腕從手指尖方向算，三指的距離作為起點。

②以另一手指尖，沿手背中央、小指側邊及拇指側邊向指尖方向按摩。

③到指尖時須稍微用力加壓。

④所有步驟都做過，不妨再以大拇指、食指、中指按摩另一手之大拇指。

⑤逐一按摩到小指。

●晚餐前的按摩法

下班回家，拖著一身疲憊，此時要進食，不但胃口不佳，而且容易消化不良，所以，最好能先洗個澡，讓身心放輕鬆，再進行晚飯前的按摩，然後休息片刻，這時再吃個清淡的晚餐，就可消除疲勞及脹氣，使身體得到最舒服的對待。

腳的迴轉

晚餐前的按摩以腳的迴轉及耳朵按摩為主。腳的迴轉方法如下：

1　頭部枕枕頭，身體平躺，大腿、膝蓋、小腿及腳跟併攏，雙手緊握，平放在腹部，將下腹托起，做頭部和腳同時挺直的動作，然後做三次深呼吸，並輕輕吐氣發出「ㄨ」的聲音。

腳的迴轉分解動作

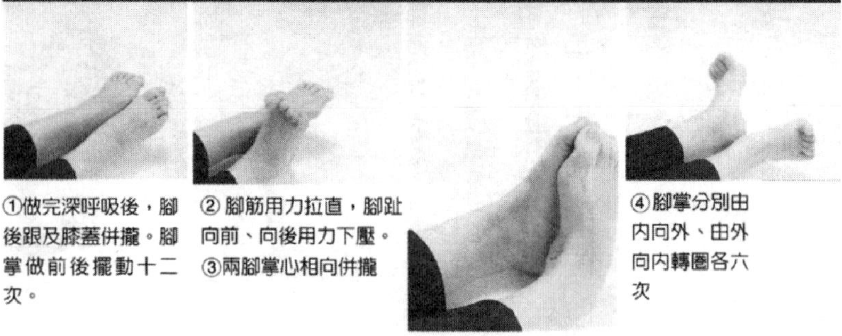

①做完深呼吸後，腳後跟及膝蓋併攏。腳掌做前後擺動十二次。

② 腳筋用力拉直，腳趾向前、向後用力下壓。

③兩腳掌心相向併攏

④腳掌分別由內向外、由外向內轉圈各六次

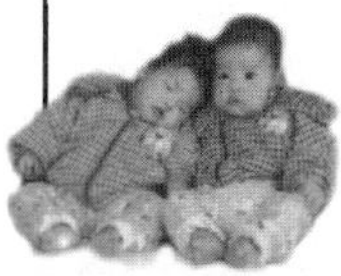

2 腳後跟及膝蓋併攏，腳掌做前後擺動十二次。然後後腳筋用力拉直，腳趾向前、向後用力下壓。

3 兩腳掌心相向併攏(初學者可以用布條或毛巾將大腿、膝蓋、小腿、足關節綁住)腳掌分別由內向外、由外向內轉圈各六次。

耳朵的按摩

按摩耳朵的作用在於消除疲勞及壓力，並且增進腸胃功能運作。方法為：

1 挺胸收小腹，牙齒與眼睛輕閉，兩肘抬至比肩膀高，然後在耳朵的下、上、中部位用拇指、食指、中指以夾、壓、揉、拉的順序進行按摩。(亦即先對耳朵各部做夾的動作，再做壓揉拉的動作)

2 以拇指壓耳垂、耳尖上、耳中後的凹處。

3 用手心按壓耳朵，直到聽不見任何聲音，並且以同樣動作向前、向後各按摩六次以上，最後深呼吸，再鬆手深吐氣。

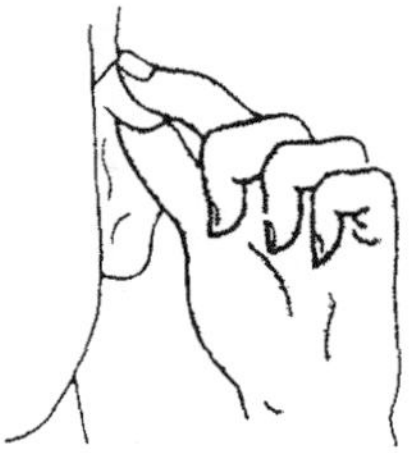

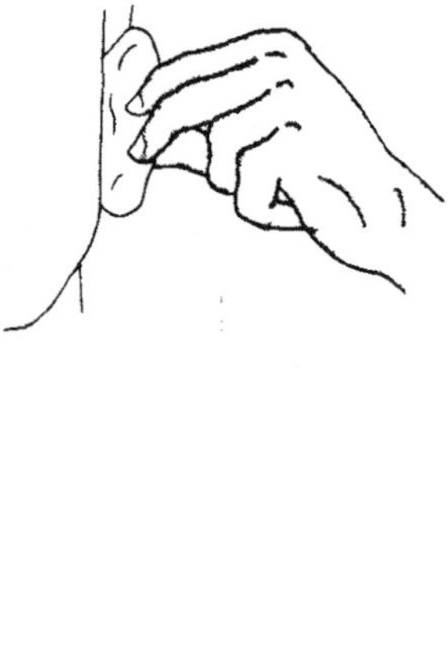

●睡前按摩法

睡前主要以肩胛骨及頭的按摩為主，其中肩胛骨按摩因須抬手，孕婦不宜抬得太高，而且不宜用力指壓、捶打，如果自己做不來，不必勉強，請先生幫忙，以消除今天疲勞，幫助全身放鬆。

肩胛骨按摩

方法：

1 孕婦坐直，由先生或家人以手掌將孕婦手臂撐起，略高於肩膀，並略向後伸，再用另一手的手指幫孕婦由肩胛骨內側按壓、搓揉而下，左右各做八次。

2 坐姿與1同，沿脊椎由頸部按摩至尾骨部，左右手各做八次。

3 先生或家人的雙手虎口張開，幫孕婦由腋下按摩至腰部。兩手同做，共做八次。

頭部按摩

方法：

1 背脊伸直，挺直上半身，舌頭頂住上顎，緊閉雙唇，輕輕揉壓頭頂中央及額頭沿臉頰至髮根間的髮際，還有後頸中央等處。

2 用食指、中指指壓眼尾太陽穴，同時以大拇指指壓後腦和頸部交接的凹處，直至痠痛消失。

孕婦症狀對策

不論是抱著馬桶吐，
或者半夜抽筋痛醒，
這些小症狀總像在考驗著孕婦的耐力，
讓懷孕過程更增添難忘的回憶——

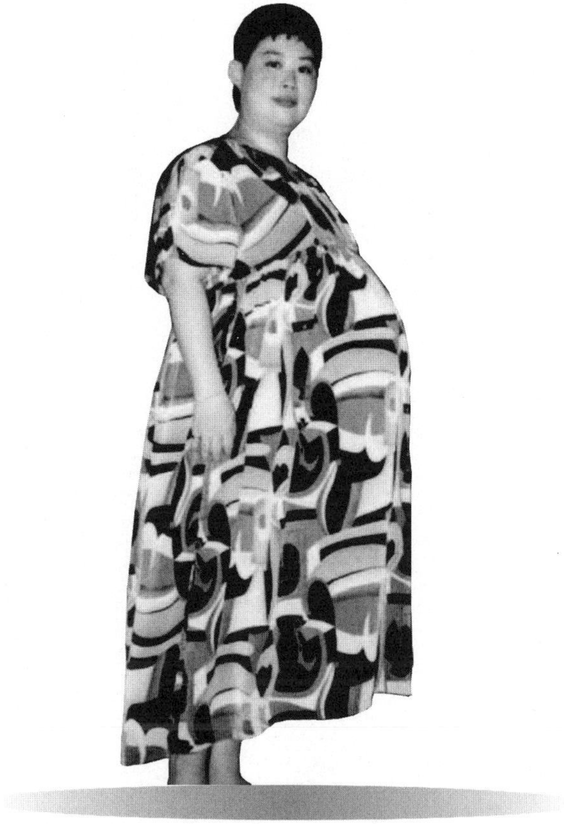

害喜對策

從發現懷孕的那一刻起，「會不會害喜」的心理壓力就與孕婦如影隨形。大多孕婦很幸運，並無不舒服的症狀，但也有少部分孕婦從懷孕初期一路害喜到生產。不過，值得慶幸的是，大多數會害喜的孕婦，大約在懷孕進入中期後就不再害喜，免除了抱著馬桶孕吐的噩夢。

害喜的症狀多數為噁心、嘔吐。主要成因為內分泌改變及體內「氣」不協調所致。要減輕這類症狀，可以藉由以下方法改善：

飯前按摩

前面我們所介紹的各種飯前按摩，以腳的迴轉與耳朵按摩最有效(方法請參閱讓媽媽身心舒暢的馬殺機單元)，其要領為：

1 平躺，這時胃會平，氣會通。嚴重害喜者更需要躺下來做，若害喜情況沒那麼嚴重，而又不方便躺下的，只好坐著按摩。

2 心情保持輕鬆，盡量多想快樂的事。

3 緩慢而有耐心地做，絕對不要趕。

4 每次做十至十五分鐘，每天做兩次，最好在午餐及晚餐前。

米酒薑汁泡腳

害喜多半是脹氣所引起的，米酒薑汁泡腳可以打通全身氣血，幫助通氣及熟睡。此法對於常為失眠所苦、手腳冰冷、肩痠、疲勞、生理痛及血壓不正常者也有效。

害喜者可一個月連續泡五至七天，常抽筋者除了補充鈣質外，亦可搭配此法。但是，如果孕婦有出血症狀就不能泡。

材料：米酒四瓶、鹽十公克、帶皮榨出的薑汁一百西西、深水桶一個、熱水適量。

方法：

1 將四瓶冷米酒倒入水桶裡，先浸腳十五至二十分鐘。

2 加入鹽十公克及薑汁一百西西。

3 加入熱水至膝下十公分左右。熱水的溫度以能忍耐的溫度為限，但須避免過度刺激。此時再將腳放入泡十五至二十分鐘即可。

泡過的酒水記得不要倒掉，第二天可以再用四瓶新的冷米酒浸泡雙腳二十分鐘，須加熱水時，就先把前一日泡過的酒水加熱，倒入桶內，另加鹽十公、薑汁一百西西再浸泡雙腳，方法同前。

吃白蘿蔔汁干貝蒸粥，外加一大盤蔬菜

尤其是害喜嚴重的孕婦，更是只能吃此蒸粥。白蘿蔔汁有消除脹氣的功效，干貝則可安定神經，除了可以在懷孕過程吃之外，並且可以預防及減輕害喜症狀。作法已在前面單元介紹過，此處簡略帶過：將半杯米、三杯白蘿蔔汁、泡開的干貝一個、少許香菇絲、山藥、紅蘿蔔絲及高麗菜合蒸一個小時即可。

抽筋對策

懷孕到了後期，除了行動不方便外，最令孕婦難過的是睡眠品質下降，其中如果再伴隨著偶發性的抽筋，就更讓人難受。經常會在半夜痛醒，迷糊中隨便處理，待抽筋過後再沈沈睡去。到了第二天，曾發生過抽筋的部位感到有些

緊繃，必須經過按摩或熱敷等處理才能方便地正常運動——有過抽筋經驗的孕婦，相信都能感同身受。

抽筋之所以會發生，是因為體內缺乏鈣質，此外，脹氣也會引起抽筋。

針對以上兩種成因，其對策如下：

1 晚上吃高鈣高蛋白蒸粥，並且份量不可太多，讓腸胃獲得休息；堅守飲食3：2：1原則—早餐吃得好、中午吃得飽、晚餐吃得少，多吃蔬菜，降低脹氣可能發生的機率，抽筋症狀自然會減少。

2 通常快要抽筋前，孕婦自己會感覺到腳或腿有筋緊繃的現象，當有這種情形發生時，那段時期就要在睡前以米酒薑汁泡腳，連續泡幾天，直到情況改善為止。

3 側睡時腳必須彎曲；伸懶腰前也務必把雙腳彎曲，切不可伸直。

4 多補充天然鈣質，可多吃小魚干(吻魚或丁香魚)、喝大骨熬湯、鮮奶、或補充「莊老師喜寶」。

改善抽筋食譜——番茄燉牛筋

材料：

番茄四斤(須完全紅透、熟透)、牛筋一斤、老薑兩片、米酒兩瓶(共一千兩百西西)

作法：

所以材料放入鍋中以大火煮滾後，再加蓋慢燉兩個小時。完全不加鹽。這道番茄燉牛筋必須在兩三天內吃完，可以當點心，也可以是正餐，如果嫌單吃不夠飽，可以用另一個鍋煮麵線，煮好後撈起加入拌湯，連料一起吃完。

水腫對策

孕婦予人的印象，多為大腹便便、行動緩慢。而造成這個印象的原因之一則是水腫。尤其是到了懷孕末期，因為新陳代謝較差，水分排不掉，手腳水腫的情況特別明顯，經常使得孕婦得換穿大一、二號的鞋，甚為困擾。

要預防或改善水腫症狀，有以下幾種方法可以採用：

1 以紅豆湯當點心喝。紅豆有強心、利尿的效果，能使小便順利排出。通常是體重一公斤對一公克的紅豆，換言之，一個六十公斤的孕婦，一天必須吃六十公克紅豆。這個數字看起來不起眼，單煮這麼一點也令人困擾，所以，建議一次煮個幾天份，每天再按固定數量食用。

紅豆洗好後，必須用水浸泡八小時，再用電鍋煮成紅豆飯或紅豆湯。如果是煮成紅豆飯，就當一般的飯吃。也以正常飯量食用。若是紅豆湯，不可以只喝湯，一定要連紅豆一起吃才有效。而血糖較高者，煮時記得不可加糖；有水腫症狀的孕婦，因為不可喝太多水，所以最好煮成紅豆飯而非紅豆湯。

2 喝黃耆水。體重每兩公斤，使用一克的黃耆，加十倍的水。以六十公斤的孕婦為例，須用黃耆三十克，加三百西西的水煮。煮時須以大火煮滾後轉慢火加蓋煮一個小時即成。為免天天煮太麻煩，可以一次煮一個星期份量，冷卻後放冰箱，要喝前退冰加熱。

一天分黃耆水就把它當水喝，必須在一天內喝完。

3 吃紅豆燉鯉魚。看到這個菜名，請不要訝異，紅豆真的可以和鯉魚配在一起，而且據吃過的人表示，滋味還不錯喔。

材料：

鯉魚一尾、紅豆份量為鯉魚的五分之一（視水腫程度，嚴重者須加量）、少

量薑。

作法：

1 紅豆泡八小時。

2 將紅豆煮成紅豆湯後，再將鯉魚、薑加入燉煮至熟。

3 這道料理完全不加調味料。

感冒對策

哈啾！糟糕，孕婦感冒了。平常時候感冒不成問題，多喝水、多休息，再吃藥就成了。懷孕期感冒就沒這麼簡單。雖然現代醫學可以在不傷害胎兒的情況下開藥方，但是，大多準媽媽為了寶寶，還是心裡怕怕。其實，肺和大腸是互為表裡，只要腸子通了，氣就會通，所以，應從通氣著手。方法如下：

一、白蘿蔔汁燉牛蒡、蔥白、薑湯

材料：

白蘿蔔榨汁五百西西（可以消脹氣）、牛蒡一百公克切薄片（可消氣、排除毒素）、蔥白三根（取蔥頭白色部分，作用是通陽及通氣）、薑片兩片（幫助發汗）、陳皮與蔥白等量（利氣之用）。

作法：

1 所有材料以慢火燉四十分鐘即可。

2 煮好後先過濾，把汁放進熱水瓶保溫，牛蒡保留。

3 所有湯汁須分次在一天內喝完。牛蒡也要吃掉。

這個處方須在有感冒症狀時吃，以上為一日分量，當有症狀時可連續吃兩三天，當毒素排乾淨後，感冒症狀就會減輕。

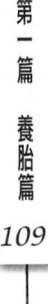

二、白蘿蔔汁燉蓮藕、豬心、干貝湯

材料：

蓮藕七小節(不切片，但切段，保留兩頭的節，以保住養分)、豬心一個(切成七塊)、干貝七個、白蘿蔔汁(以能蓋過材料為主)。

作法：

所有材料洗淨，置鍋內，白蘿蔔汁蓋過材料，並再多一些，以慢火隔水蒸一個小時。如果是用電鍋蒸，則須保持外鍋有水，內鍋則加蓋或加上保鮮膜。

吃法：

蓮藕及豬心均用切片處理，除了喝湯，材料也一併吃下。可以當正餐的湯或點心吃，必須在晚餐前吃完。以上材料為七天份，連續吃七天。

此湯的作用在於通氣、調整上呼吸器官的神經黏膜，使內分泌協調。可以有效緩和感冒症。為方便處理，最好一次煮七天分，並且汁與料分開保存，要吃時再取一份出來溫熱。因其功用對一般孕婦也很好，所以不一定非得有感冒症狀時才吃。

三、晚餐吃高鈣高蛋白蒸粥，並搭配飯前按摩與休息。

如果再加上米酒薑汁泡腳及肩胛骨按摩，效果更顯著。

便秘對策

一般孕婦，或多或少都曾經有便秘的困擾，那是因為子宮撐大壓迫到大腸，或飲食生活不當致使腸內充滿脹氣，故使腸子無力將糞便完全排出，而產生

糞便「細軟」，且有「殘留感」的症狀，本食療法可有效的改善這種因「腸子無力」而造成的便秘。

材料（一日量）：

1 白芝麻（未炒過）：體重一公斤須〇・五公克。

2 蜂蜜：體重一公斤須〇・五公克。

3 冷鮮奶：（約）一〇〇西西。

吃法：

1 將【白芝麻】以小火慢炒（可一次炒數日之用量），直到香味溢出，此時白芝麻呈赤紅色但卻【不焦黑】。待其自然冷卻後裝入可密封的容器內待用。

2 每日早晨【空腹】（早餐前）即先吃所須份量（體重一公斤〇・五公

克）之【白芝麻】注意須以【正確咀嚼法】仔細將每一顆芝麻咬破後再吞下。

3 將【冷鮮奶】倒在碗裡，徐徐倒入【蜂蜜】，邊倒邊攪拌，攪拌均勻後食用之。

4 注意：【冷鮮奶】不可喝「溫」或「熱」的，須「微冰」或「冷」的才有效。

注意：

1 本方須於每日【早餐前】連續食用，至少二週。

2 【白芝麻】須以【正確咀嚼法】仔細嚼食。

3 服用此方請同時配和以【正確排便法】排便，順便調整如廁的時間。

妊娠糖尿病對策

懷孕期間醫院都會對孕婦進行血糖測驗，以確實掌控孕婦的血糖值，避免罹患妊娠糖尿病。偏偏現代人吃得好，對於孕婦的飲食偏好，基於能吃就有營養的立場，完全採開放態度，不忌口的後果，就是血糖偏高，再控制不了，就得了妊娠糖尿病，必須住院控制血糖。

其實要控制血糖，除了依據醫院常給的飲食處方如少吃高醣、高熱量飲食外，還能藉由喝綠豆水控制。

綠豆水

作法：

1 孕婦體重每一公斤用一公克綠豆，故孕婦如六十公斤則一天量為六十克綠豆。

2 每一公克綠豆搭配十西西的冷開水。

3 綠豆洗淨後，加入冷開水加蓋浸泡八小時，如果孕期為夏天，為防變質，須放至冰箱冷藏。綠豆水須每二至三小時攪拌一次。

喝法：

將綠豆水攪拌後，把水濾出，在一天內當開水分次喝完，每天喝，至血糖降回正常為止。

高血壓對策

除了妊娠糖尿病外，妊娠高血壓也是令孕婦傷腦筋的病症。要控制妊娠高血壓，可以從飲食著手。控制高血壓的食譜，主要由利二便(大小便)著手，食譜以白蘿蔔汁為主，再加上豬大腸、豬小腸、干貝合燉。其中干貝的作用在安定

神經，白蘿蔔汁及豬大腸則可以通氣，排氣排便順暢了，對於降血壓自然有幫助。

白蘿蔔汁豬腸干貝湯（兩天份）

材料：

豬大腸一百五十克、豬小腸一百五十克、白蘿蔔榨汁一千五百西西、干貝兩顆。

作法：

1 豬小腸裡面的膜必須留住，處理上要多費心：

A 先將豬小腸外表洗乾淨。

B 用筷子把腸子裡面翻出來，以水沖洗，但是千萬別搓揉，以免搓掉內膜。

C用麵粉加鹽，以十五比一的比率混合，撒在腸子內面，放二十分鐘，這時，腸子和麵粉會結成塊狀。

D用水沖掉結塊的部分，再把腸子翻回外面。

E小腸每隔兩公分打結，大腸在清洗後，整段放入鍋裡煮。

2將所有材料放入鍋裡，隔水蒸一個小時，由於在洗小腸時已放了鹽，所以，煮的時候不須再放鹽巴。

吃法：

以上材料為兩天份，吃的時候可將豬腸切段，分次食用，一般可連續食用七至十天。

過敏對策

孕婦最怕過敏，哈啾！哈啾！噴嚏打個不停，肚子也跟著收縮，如果是在懷孕初期，就更讓人緊張，生怕一個噴嚏出來，小孩也跟著出來──這當然是危言聳聽啦！不過，懷孕期過敏的確是讓孕婦頭痛的毛病。

打噴嚏過敏的成因，當然空氣或環境中的過敏原有關，而體內溫度與室內溫度不協調也是因素之一。當有過敏打噴嚏情況發生時，可以將手搓熱，再以雙手蓋住手鼻，待溫暖後，即戴上口罩，可以暫時改善過敏情況

要降低過敏情況的發生，有以下方法：

1 早上起床做「合掌法」：

取掉枕頭，身體完全平躺。兩腿伸直，深呼吸，再緩緩由下腹部將氣完全吐盡，吸吐動作共做三次。

雙臂張開，上舉至與雙肩呈垂直狀，雙手合攏，手掌上下交互摩擦至產生電熱能為止。

當手中有熱度時，立刻把雙掌交疊合掌，防止熱氣流失，並且立刻將此合掌掩住鼻口，再以下腹深呼吸，並慢慢將氣吐出。熱氣吐完後，再重複至的動作，共做十二次。其作用是強化上呼吸器官神經黏膜，預防感冒及過敏。做完後馬上戴上口罩，再開始晨間活動。

2 晚上做眼部及肩胛骨按摩：

A 眼部按摩方法：

閉上眼睛，頭微抬，張開雙肘以雙手中指支撐鼻樑上額髮際處。

以拇指腹用力揉壓鼻樑兩旁、眼窩凹陷處。

再以拇指沿著眉骨由眼頭到眼尾處按壓。如果有眼睛痠痛的情形，則按壓至痠痛消失為止。

眼眶下緣也可以用中指壓揉，直至不痛為止。揉的時候必須咬緊牙根，收下巴，頸部後面要用力，效果才會顯著。

B　肩胛骨按摩法：

孕婦坐直，由先生或家人以手掌將孕婦手臂撐起，略高於肩膀，並略向後伸，再用另一手的手指幫孕婦由肩胛骨內側按壓、搓揉而下，左右各做八次。做姿與同，沿脊椎由頸部按摩至尾骨部，左右手各做八次。

先生或家人的雙手虎口張開，幫孕婦由腋下按摩至腰部。兩手同做，共做八次。

3 米酒薑汁泡腳

第一個月須連續泡十天，以打通氣血，第二個月起，每個月連泡五天。泡腳的時機以睡前最佳，飯前亦可。

4 喝蓮藕榨汁或選用蓮藕、干貝加豬心及白蘿蔔汁燉湯

蓮藕榨汁每天喝的分量為一公斤體重對五西西蓮藕汁，因此一個六十公斤的孕婦，一天須喝三百西西蓮藕榨汁，喝時一次以五十西西的份量分次喝完。蓮藕榨汁做起來很簡單，首先把蓮藕洗淨，用果菜機來榨，由於蓮藕汁含鐵質易氧化，所以一定要當天榨、當天喝完，也可以用塑膠磨器磨好，再以乾淨紗布絞出汁來。

如果害怕蓮藕汁的味道，可以酌量加入鹽或蜂蜜。

在飲食方面，除了吃上述提到的食物外，應多攝取綠色蔬菜、海帶、干

貝、蓮藕、豬心等安定神經的食物，並且避免喝陰陽水(即以冷開水對熱開水或直接加冰降溫的水)，少吃燒烤、刺激性食物，不可用回鍋油。

濕疹對策

濕疹及皮膚過敏等症狀好發於夏秋及冬春交替之際，孕婦的主要症狀有的是下陰部會癢，也有的是腹部地帶癢，對大腹便便的孕婦來說，十分困擾。

要改善這種情況，必須先幫大腸通氣。為什麼皮膚的問題反而要通氣呢？因為，肺與大腸有互為表裡的關係，而肺又與皮膚有關，所以，要治療皮膚問題，須由根本著手，而在前面提到的許多症狀中必備的「通氣」步驟，此時依然管用。

●**通氣方法：**

1 睡前以米酒薑汁泡腳。

2 吃白蘿蔔汁蒸粥。

3 飯前在耳朵、手或眼睛中擇一按摩五分鐘再進餐。這個動作目的是轉換心情，待心情平和後進餐較不易有脹氣。

4 喝白蘿蔔汁加牛蒡。作法如下：牛蒡兩百公克洗淨切片後，加入一千西西的白蘿蔔汁，隔水蒸一個鐘頭。這是兩天份，可以當茶喝，或者適量加點排骨但不加鹽，另加一顆橄欖味道更好。吃時須連牛蒡一起吃掉。

除了要通氣，另有專門的食譜可改善症狀。

食譜1 大腸頭加綠豆

材料：

大腸頭每天一百五十克，綠豆每天七十五克。

作法：

1 清潔大腸頭。方法是用筷子把腸子翻出內面；以鹽和麵粉十五比一的比率混合，撒在腸內面，放置二十分鐘，用水沖掉結塊部分，再翻回外面。

2 綠豆洗淨泡水八小時。

3 把大腸頭尾端綁線，填入綠豆，但不可填滿，約一半即可，因為蒸的時候豬腸會縮小，而綠豆卻會膨脹。填好後再將另一頭用線綁緊。

4 放在盤中隔水蒸熟。

因程序較麻煩，不妨一次多蒸幾天份，再依量分天食用，原則上須連續吃十天，至症狀減輕為止。大腸頭可恢復腸子蠕動，幫助排除體內廢氣、廢物；

綠豆則有補肝、解毒功能。

食譜2　豬皮

材料：

豬皮一公斤(因不是隨時可買到，建議不妨向熟識的肉販預訂)，米酒一千西西，帶皮老薑十公克切絲。

作法：

1 把豬皮洗淨，以鑷子把上面的毛拔除。

2 切成一寸半寬的小塊，置於鍋內，加十公克鹽、米酒、老薑一起煮，待大火燒開後再以小火燜煮三小時，等出味後，再加入十西西的醬油，再燉爛為止。

豬皮一次吃不完，可分袋冷凍起來，下次要吃時，取出一袋解凍後切片下

飯，或者加入海帶、山藥、紅蘿蔔一起燉著吃。

食譜3　豬皮加豬大腸

材料：

豬大腸一公斤、豬皮三分之一公斤、老薑數片。

作法：

1 以上述方法洗淨豬皮與豬大腸，洗後切段。

2 以白芝麻油爆老薑，再爆炒豬皮、豬大腸，然後加一百西西的醬油、米酒合燉一個小時即成。

這個份量一次吃不完，可分袋裝起冷凍，分次解凍配飯。

孕婦一旦患有濕疹，洗澡時絕不能使用肥皂，會使症狀加劇，所以，建議改用蛋白清潔，洗好後再塗抹豬油，以減輕不適感。豬油的作法很簡單，只要到市場買一大塊豬油，將它洗淨切塊，用小火慢慢炸出油即成。

中暑對策

中暑有陰寒與陽熱兩種，一旦有中暑症狀，應該先判斷屬於那一種，再對症下藥。尤其刮痧是刮背部俞穴，關係到多處臟腑，這中間是否可能動到胎氣，沒有人可以保證，所以，為了安全著想，最好以內服藥物為主。

而所謂的陽熱，原因是長時間暴露於室外高溫之下，造成出汗過多，體內水分和鹽分不足，以致積存在體內，無法順利排出，又稱為「中熱」。最好的處理方式是補充一杯加鹽的溫開水，如果屬熱盛口渴者，可用「白虎加人蔘」，或「竹葉石膏湯」飲用。

至於陰寒，就是中暑，起因為盛熱時，一下子吹冷氣或喝冰的飲料，並且

在室內室外間進進出出，使身體要在很短的時間內承受冷熱溫差，以致感受暑濕之邪，像腸胃型感冒就是屬於此類。如果外顯的症狀有畏寒、發燒、骨頭痠痛等，可服「香薷飲」。

若為腸胃型感冒，有腹痛、嘔吐、腹瀉如水狀等，可以用「黃連香薷飲」或「六一散」。

但若是頭暈、倦怠、四肢沈重無力或心悸出汗者，則用「清暑益氣湯」或「生脈散」。

第二篇　掌握懷胎十月

受精——三週（第一個月）的掌握

受精卵與母體

精子與卵子成功地完成受精時，各從父母雙方的染色體上得到一半的遺傳因子，而在受精卵內完成新的遺傳因子。

卵子與精子，在母親體內完成受精時，經由複雜的細胞分裂過程，使染色體數目減少一半，成為二十三個染色體，所以當精子與卵子結合成為受精卵時，則再次擁有四十六個染色體。

受精後六至七日，為了攝取發育上必要的養分，而進入母體的子宮腔內，並自我分解蛋白質，而產生酵素，接著溶化潛入母體的子宮內膜(肥厚而充滿血管的柔軟地方)著床。亦即在此開始妊娠的過程。

受精後三週，完成各種器官。這時胎囊的直徑約十㎜以上，而且與日俱增。

之後，最早形成的是中樞神經系統，而在受精後滿五週時(妊娠滿七週)，即完成了中樞神經系統。

接下來的一週，心臟已擁有四室，妊娠滿九週(懷孕三個月)時，全身的器官(如頭部、胸部、腹部、骨盤及其中的各內臟)、臉部、四肢等已形成。這時期稱為胚子期、器官形成期。

接著，這新個體便逐漸完成人類必要的所有器官、機能。此時，受精卵已具備必要的能力了。

妊娠的特別時刻

未察覺已懷孕的妊娠初期，必須特別留意母親的健康，原因在於這時是胎兒完成各器官特別重要的時候。

受精後一週內，受精卵的死亡率達50%；第二週，這新生命非常脆弱，容易因環境的影響而喪失生命；第三週，新生命較強，但卻容易因環境的影響而損壞各部位的分化，造成畸形。這種現象將一直延續至受精後七週(妊娠滿九週=妊娠三個月)，所以必須留意小心。

妊娠第一至三個月，是小孩子一生中最重要也最特別的時刻。因為這時，形成人體的細胞核中，已取得來自父母遺傳的因子。而且細胞根據這遺傳因子而完成人體的組織和各種器官。而細胞分化最迅速的時刻，就是剛著床後的那段時候開始。

妊娠初期，胎兒若受到外界的刺激，將影響小孩子腦部、手腳的發育。妊娠初期(四週~八週)，孕婦若服用鎮靜安眠藥，則因為此時是胎兒成形時期，使形成嬰兒手腳部份或神經元等受到障礙，而在途中，停止分化。因此，胎兒在手、腳未完全分化成形時，可能便流產了。

若孕婦在妊娠初期的臨界期罹患風疹，則胎兒的眼睛、耳朵、手、腳、心臟等發生障礙的比率高達 33%~58%，但若孕婦有免疫力，則小孩子應不致受到濾過性病原體的侵害。其他，如煙、酒、精神上的壓力等亦將阻礙胎兒的正常發育。

由以上所述，可知妊娠初期對胎兒而言是最重要特別的時期。這時，若孕婦仍不知腹中有小孩，而忽略了許多事，就會使小孩子受到惡劣的影響，所以，婦女需時時留意，處處小心自己的身體狀況。

基礎體溫的變化

計劃妊娠的女性，仍有人隱隱約約地感到身體因為產生新生命、排卵、受精等而發生的變化。而對大多數人而言，基礎體溫表是最能傳達這正確的訊息的。

每天早上，持續記錄體溫，若高溫(三十七度左右)持續三星期以上，則可能是有喜訊的來臨。

腹中的胎兒，雖然只是發出生命的幼苗，但已開始步入人類的軌跡。而且腦部的發育，自妊娠第一個月即已開始了。而生命的開始亦始於此刻。

妊娠的徵候，因人而異，月經該來而過了數天仍未來的，是最明顯的徵兆。有人懷孕之後，特別容易感到頭暈目眩、發熱，腹部下方感到疼痛，或感到不安、易怒，乳房變得很敏感，稍微一碰即痛?這是胎兒呼叫媽媽的訊號！沒留意是妊娠的女性，則認為以上諸症狀是月經來潮前的徵兆。因為有人在月經來潮前，都會出現這些症狀。

頭暈、目眩則以為是感冒而服用感冒藥、腹部下方疼痛以為是患了便秘而服用瀉藥…諸如此況的人非常多。這樣的人，一直到月經未來時，才想到會不會是懷孕了而慌慌張張地到婦產科醫院接受檢查，一旦證實懷孕了，則惶恐地問醫生說：「不知道是懷孕，已經連續吃了一個禮拜的藥了，若對胎兒有不良影響，該怎麼辦呢？……」。

所以，已婚且未避孕的女性一但發現身體不適，首先即應考慮到懷孕的可能性，受精著床於子宮內膜所引起的荷爾蒙反應，即是嬰兒呼叫的訊息。自結婚之後，若隨時注意自己身體狀況，並留意體溫的變化，相信，不至於帶給妳錯誤的訊息。早日得知妊娠的喜訊，對小孩子而言是一大福音，同時，也是父母親用心培育優質寶寶的開始！

預產期的推算法

生產月份的推算：最後月經來潮的月數加上九。若加上九會超過十三以上，則用原月數減掉三。用這方式所產生的數字，即代表分娩的月數。

生產日期的推算：最後來潮的月經日數加上七，即是分娩時的日數。

例如：

（1）最後月經是1月8日-->1+9=10　8+7=15--->分娩預定日即10月15日

（2）最後月經是10月15日-->10-3=7　15+7=22--->分娩預定日即7月22日

（3）最後月經是6月29日-->6-3=3　29+7=36　3+1=4（跨月，月數加1）

36-28=8--->分娩預定日即4月8日

這種推算方式是以最後月經為基準而推算出來的。這其中未考量排卵日，有不少地方與實際有所出入。因此，只是作為預產期的參考。

其他，也可依照嘔吐、胎動的感覺來推算日子，但是這種方式更加不準確。另外，有種推算方法，是推量子宮底的高度，並依此作為基準而算出的方法，但是也不正確。

最正確的是，測量基礎體溫，藉此，可確定排卵日子。在排卵日上加上266日，即是正確分娩的日子。

其次，妊娠初期可請教醫生，接受超音波的檢查，依照胎囊的大小、胚子的大小、胎兒頭部的大小來推定正確的分娩日期。

在妊娠前，若能持續的測量基礎體溫，更能正確地算出排卵日。最後月經日期不明，或肚子已漸漸增大才求醫的話，則很難準確地算出分娩時日。

四—七週（第二個月）的掌握

嬰兒身體開始移動

一般而言，至妊娠五週左右，利用超音波可看到孕婦子宮內白色環狀的胎囊。一星期內，可由直徑十㎜發育成二十㎜。若生長環境良好的話，可看到圓形的卵黃囊及心蠕動的現象。

妊娠七週，頭部與軀體的形狀已具備。實際上，這時手腳已成形。圍繞胚子外圍的羊水增加，隨著，胚子也較容易移動。

發育至十二㎜的胚子，主要是尾部產生移動現象，不久之後，頭部與軀幹也跟著移動。但是，這時期，肌肉組織、神經纖維等並未形成。

大致，80%的腦、脊髓神經細胞已在這時完成。同時，脊髓、眼睛、聽覺器官、胃、肝臟等等之分化工作亦始於這時期。心臟的跳動大概是一分鐘130~150次。

害喜——胎兒的呼喚

有些女性，月經只遲來幾日，即馬上知道「懷孕」了。這是因為「害喜」嘔吐的現象，引起了女性們注意這件事。雖然有些人並無害喜現象，但是大部份人都有些經驗，只是在程度上，有所不同而已。大致上說來，大部份人都是因為嘔吐「害喜」而開始留意到「懷孕」的存在。害喜，對某些人而言，是相當難受的，但是「它」不是疾病，只好由孕婦本身自己來克服這不適的階段。由此得知，由「害喜」現象，令人立即察覺「妊娠」這件事。那麼「害喜」，可說是胎兒告知父母，他即將到這世上的喜訊了!

有人因為「害喜」而擾亂了生活步調，連情緒都深受影響而感到困擾不已。

一般人，能接受這事實，而注意飲食開始「養胎」，真切地感到妊娠的具體存在，並滿懷期盼，希望這小孩子早日誕生；反之，有些人則身受「害喜」之苦而不能忍受，甚至哭鬧著求醫生，希望能求得解脫，甚至連小孩子都有點不想要了。產生後者想法者，可能是從未體認到「生命是喜悅」的感覺，而如此想不開。

能不能耐得住「害喜」的考驗，即能測知將來是不是能當位稱職的好母親，同時，也在這階段開始閃爍母性的光輝。若是，在內心並不是很願意去忍受「害喜」所帶來的痛苦，可能是本能上未能接受「孩子」這回事，而越是不肯接受、適應它，「害喜」便越嚴重，好像生病一樣。

常理雖是如此，但若是真的「害喜」得太嚴重時，還是須請求醫師診斷，可能是妊娠上引起了異常現象。例如：「害喜」得太厲害而不能喝水，甚至吐血、體重嚴重減輕時，則孕婦雖然極力忍耐，但可能產下不健康的小孩。這點，必須特別留意。

一般害喜常見的症狀有：噁心、改變喜好的食物、對味道特別敏感、對氣候的感應度不同、容易流汗、稍微站著即感到頭暈目眩……。

妊娠初期，除了噁心外，亦常發生便秘、腹瀉、多尿等現象。這是骨盆充血、壓迫到膀胱所引起的現象，不必太擔心；此外，亦常感到腹部疼痛，若非便秘、腹瀉、膀胱炎，即是內部生殖性器官所引起的。由於妊娠所引起的子宮不規則的收縮是生理上的現象，並無大礙，這是初期妊娠的症狀，若擔心這些現象可能帶來不愉快時，可請教醫生。

不要勉強進食

害喜現象連續二、三個月，該吃東西了，但是一點食慾都沒有，使得孕婦開始擔心、煩惱，怕對小孩子產生不良的影響。

其實，害喜時，胎兒還小，所需的營養份量並不多，只要孕婦適時的補充胎兒成長所需天然養分，即使孕婦不怎麼吃東西，對胎兒而言，仍然不會造成營養不良的現象。若是強迫孕婦吃一些對胎兒無太大幫助的食品，如澱粉類、高糖類、高油脂類…等（這些成分胎兒攝取儲存於母體內的養分就已足夠，不須特別另外大量攝取），對胎兒，對孕婦都不好。

如果，真的連胎兒成長所必須的養分，如：大骨熬湯、小魚干…等食物都無法下嚥，建議妳不妨試試「莊老師喜寶」吧！莊老師「喜寶」是台灣廣和集團經過多年潛心研製，並得到眾多消費者認可的孕婦理想保胎營養食品。內含天然冬蟲夏草、珍珠粉、果寡糖、孢子型乳酸菌等天然成分，營養成分高，特別適合孕婦以及胎兒對鈣質及蛋白質的吸收，使孕婦免除骨質疏鬆的煩惱，讓胎兒在出生前就達到補鈣的目的，絕不含任何人工化學成分，品質安全可靠！婦女於懷孕期間，每日只要服用三粒、三餐飯前各服一粒，就能達到養胎的目的，可以說是孕婦最方便、最有效的孕期養胎聖品！

此外，要特別留意水分的攝取，但是最好不要喝咖啡或紅茶，因為咖啡、紅茶中含有咖啡因，過量的攝取，對胎兒並不好。

其實，害喜的現象，大致說來都差不多，應想辦法改善自己的飲食及生活來適應它，早日適應它，改變它，以迎接一個充滿母愛的妊娠階段，對孕婦而言，是一件永生難忘的回憶。

改善孕婦的飲食生活

妊娠一個月左右時，胎兒只有一㎜至二㎜大小而已，不需要太多的養分。但是，胎兒是逐漸在長大的，需要從母體那邊得到大量的養分。而小貝比成長所需的養分來源，唯一的管道就是來自母體，也就是說，媽媽吃什麼，小貝比就吸收什麼，若因為孕婦偏食，恐將造成胎兒在營養方面的不均衡，因此，孕婦的飲食管理是相當重要的，為了顧全胎兒生長階段的營養均衡，奠定好小孩子先天體質的基礎，每一位準媽媽，都需要努力改善飲食生活，做好「養胎」的功課。

妊娠初期的異常

在妊娠初期(四週~十二週)，容易產生流產、死胎、胞狀畸胎、子宮外孕……等異常現象。造成這些疾病的原因在於母體或胎兒身上，主要的症狀是不正常的出血、下腹疼痛、腰痛、發燒…等等。特別需要留意的是胞狀畸胎、子宮外孕。

由於胞狀畸胎將造成大出血，因而可能導致絨毛上皮癌的發生。定期檢查尿中的荷爾蒙或利用超音波檢查，比較容易早期發現，進而接受治療。

子宮外孕，若發現得太晚，恐將因大量的內出血而發生休克，甚至造成母體死亡的危險。所以，一旦發現異狀，應儘速求醫。

因母體所產生的流產，可能是母體生理狀況、平常生活狀況或工作的關係所造成的。

因胎兒所引起的流產，可能是因染色體異常，而引起流產、死胎等病變，一旦引起這些現象時，已無法經由治療而痊癒的。這時，腹中的胎兒大概已無法挽回了。

妊娠初期，引起不正常的出血病因中，流產佔94%，胞狀畸胎佔0.8%，子宮

外孕佔5%。而流產中，亦可能是由很多狀況所造成的，因而包含許多種類：

迫切性流產——流產出血，但腹部並未感到疼痛。有些是因為染色體異常現象所引起的，而有些則歸於一般的妊娠所產生的流產。

進行性流產——正發生流產現象，不但發生出血且腹部亦感到疼痛，胎兒或絨毛將流出子宮外。

完全性流產——絨毛或胎兒已全部流出。

習慣性流產——若持續流產三次以上時，即需檢查造成流產的原因。

積留性流產——胎兒已死，但無出血流產徵候。對孕婦而言，最容易因此而產生煩躁不安的情緒及子宮內發炎。

照理說，利用超音波檢查即可查出腹中的胎兒是否已死亡，但是，因為胎兒心跳並不是很明顯，所以在做檢查確認必須要非常慎重。若初次檢查未觀察到胎兒心臟跳動時，可每星期做2~3次的檢查。為了預防感染，要留意生活方面，特別是性行為要停止。

感染性流產——因胎兒或絨毛受到感染而流產，或流產中受到感染，引起發燒、疼痛。必須接受徹底治療。

妊娠中，常常發生與流產、早產等完全無關的性器出血現象。這是性交之後所引起的特徵，或是子宮頸口發生炎症所引起的，須要看醫師診治，並接受治療。

受精卵的命運

自然界的演化是嚴苛的，並不是所有的受精卵都能成為胎兒，只有31%左右的受精卵能生存下來。

未著床前大約有50%的卵子已告死亡。這是因為卵子與精子的受精複雜過程中，染色體常發生異常現象，而使卵子發生異常現象。即使卵子未發生異常現象，亦可能因外圍環境的影響而中止細胞分裂而告死亡。由於卵子在著床前後死亡，只像平常月經來潮時一樣，使女性們不容易察覺有何異樣。

卵子著床後即轉變成胚子、胎兒；由此時至出生為止，有19%的可能性，使胚子宣告死亡。這是因為染色體等發生先天性的異常或因母體的脆弱或感染而造成的。對新生命而言，受精前的精子或卵子，父母付與的生存環境是很重要的，有好的環境所造成的受精卵=胎兒=新生命也將能強健地來到這個世界。

八—十二週（第三個月）的掌握

由胚胎轉變成胎兒

這時期，小生命已由胚子轉變成胎兒！胎囊中有毛部份已形成胎盤，接下來一、二週左右即完成胎盤，製造出各種荷爾蒙，並由母體的血液中攝取足夠的養分，而將胎兒不需要的東西輸送至母體，而負責傳遞母體與胎兒之間各種東西的就是「臍帶」。

從超音波中，我們可看到這時期的胎兒，已具備了頭部、胸部、腹部等等外形，到了第九週末，胎兒全身的器官大致已完成，包括頭部、臉部、頸部、胸部、腹部、臀部、手腳、指頭等，就連內臟、運動肌肉、骨骼、關節等亦長成，顯然是「人的姿態」已表現出來。第十週，這「人形」更加清晰，第十一

週可以看到胸部、腹部內部的各器官部位。從這時開始，內臟已開始活動。利用超音波可清楚地看到胎兒全身，同時胎兒一舉一動亦容易觀察到，隨著全身的發育而開始活動。

第八週初，頭部與軀幹是以頸部作為關節而前後左右彎曲伸展；第八週中，手腳並未完成，但手開始動，至第八週尾，腳與頭部、軀幹開始動，同時，母親的噴嚏、咳嗽、微笑等所引起的腹部壓力變化都將促使胎兒活動。

第九週後，有了更明顯的變化，也可藉此來辨別胎兒是否有精神。因為懷孕中，第九週是小孩子最愛活動的時候。特別是第九週，胎兒格外地感到興奮而開始活動，除了伸伸手腳、彎彎手腳外，頭部也會活動，全身像蝦子一樣，彎曲、伸縮、跳躍；這些活動有時是慢慢地做，有時是迅速敏捷地做，非常明顯，因而能讓母親深深地感受到胎兒的存在。

妊娠第十週，可以看到胎兒的手指一伸一握的樣子，手也可以伸至頭部、臀部、大腿間，腳可以踢動，身體亦可自由轉動。此時，透過超音波可看到胎兒模模糊糊的輪廓；其他，最令人感到訝異的是，下顎開始動，可開口、閉口，並且開始吞嚥羊水。同時，呼吸運動的胸部收縮亦始於這時期，將來出生之後賴以生存、生活的各種活動，在此時已經開始練習運作了。

至第十一週，腿部慢慢地交互曲伸，踢向前方，手腳可以一起活動，並在羊水腔中步行、活動著。

這時期，母親大概也已經習慣「害喜」所帶來的不適感，而逐漸可以全力將心思放在胎兒身上了。而另一方面，腹中的胎兒為了完成強健的生命，一刻也不休息地努力發育活動著。相信身為母親的孕婦是能用心體會、感覺到胎兒的存在以及胎兒的變化的。

懷孕中的工作環境

若是職業婦女，則孕婦所要面對的，不是只有丈夫、家人而已，她還必須與工作同伴相處在一起，而在工作上，同事並須要忍受孕婦害喜的現象所帶來的不便，因此，她非常需要得到周遭人對她的支持、瞭解。同時，孕婦最好在工作環境中儘量製造愉悅的氣氛，並且不要太勉強自己做些過於勞累的事情，如加班、過於用心工作而造成疲勞、匆忙趕上下車或提過重的東西等等都要避免去做。

「寒冷」對孕婦而言，是一大敵，無論是在家裡或在公司，夏天注意不要直接對著冷氣孔直吹，若冷氣太強不要忘了添加衣服，或穿上襪子等保護自己。冬天外出時，更要注意保暖，千萬不要因為一時的疏忽而感冒了！此外，與同事之間和樂地相處，得到同事耐心的包涵，對於孕婦來講，也相當重要。

孕婦若留意到工作上和樂的氣氛、良好的人際關係，將能以愉快的心情來渡過這段懷孕的時光，而這樣的環境，對胎兒、對孕婦，都是需要的。

跟準爸爸取得協調

孕婦在懷孕期間或生產後是否仍繼續工作等等問題，都必須夫妻倆一起來計劃、協調，以決定今後彼此所應走的步調，及應如何互相協助！

「懷孕」對女性而言，無論是精神上或肉體上的負擔都很大，因而常會感到非常無助。但「胎兒」對孕婦而言是很重要的，即使是付出孕婦所有的心思、體力，及有形、無形的種種都仍嫌不夠！因此，孕婦最好在懷孕中及產後的一年內盡量不要工作。

但是產後仍須繼續工作，同時要兼顧到小孩、家庭的女性，除了要拿出智慧及堅韌的一面之外，更需要先生與家人的協助。這時若能得到家中每一份子

的支持、協助，那麼孕婦即可平心靜氣地安排這段時日，並可替這未出生的小寶貝安排一些東西。在做任何事情時，也都能安心地去做而不需要太顧慮周遭種種的干擾。

所以，就讓準爸爸也來面對這個需抉擇的決定吧！

流產——決定胎兒的生存與否

妊娠初期，十次有一次的流產可能性，在女性的一生中，「流產經驗」並不是稀奇的事情。特別是懷孕第九週左右所引起的流產，通常是因為受精卵發生病變或有其他的缺陷，使得受精卵無法再繼續發育。若是天生注定無法生存下去的話，那麼就讓受精卵順著自然的法則吧！這種自然淘汰現象在母體內發生，使得將來產下不幸的胎兒比率，比理論上預測的發生比率還來得低。雖然現代醫學的發達，能救起遭遇不測的孕婦及胎兒，但是，仍有許多問題是隱藏著的。

妊娠初期所引起的流產，若原因在胎兒而非母體的話，那麼這是嬰兒難以生存下去所造成的，我們需尊重「自然的淘汰規則」；若引起流產的原因在於母體，就需要好好地休養及檢查身體，以便安心的迎接下次妊娠的來臨。

溫柔的心維繫胎兒的健康

維繫、撫育小生命的生長，不僅是需要營養食物的補助，「母親溫柔善解人意的心思」，對胎兒而言是最重要的營養要素！母親的精神狀況將會影響胎兒的發育狀況。例如，夫婦常年吵架將會造成胎兒身心上不健全。若母親過於興奮則胃液分泌就會不平衡，小腸未能順利蠕動時，所吃的東西就不容易消化，同時無法吸收營養而整個排泄掉。如此，便無法提供腹中小貝比營養豐富

的血液，對胎兒的成長也會造成不良的影響。

妊娠初期，容易讓人感到心煩不安，若想得到活潑、開朗的小孩，那麼請不要因為先生或周遭的一點小事而生氣，隨時保持愉快的心情來面對一切吧！若經由荷爾蒙所傳遞的都是母親的不滿和壓力，這對小孩是何等的不公平，而且這樣的孩子也實在太可憐！為了給予小寶貝一個健全的身心及健康的身體，母親必須隨時保持開朗、溫柔慈愛的心情，並且能持之以恆。也唯有這樣到處充滿愛心的生活才是最高的胎教。

嚴禁喝酒

在到處充滿緊張、壓力的生活之下，常常使得女性也藉著酒精來舒解這份壓力，或許「酒精」能減輕「人」的那份壓力與無奈。但是，「酒精」對胎兒而言則是另一回事。妊娠中，母體中的酒精將透過胎盤而漸漸地流入胎兒的血液中，這對正在發育茁壯、開始形成中樞神經系統的胎兒而言，可不是件好事！何況，這時胎兒的肝臟功能尚弱，分解酒精的力量還不夠，如此吸收酒精，將使胎兒感到醉意，甚至會影響到胎兒的腦部生長！

母親若持續沉於酒中，則產生流產、早產、死產、畸形兒、低能兒…等等的可能機率很大，生下來的小孩常常會發生發育不良、運動機能發生障礙或到了學齡時期智能仍不足…等等現象。因此，為了杜絕後患，每個孕婦都應該嚴厲地禁止喝酒！

十二—十五週（第四個月）的掌握

邁入妊娠中期

妊娠初期是一變化激烈的時候，這時期經由受精、著床、分化形成與母體結合，甚至有流產的危險，無論是經歷這過程中的那一段，對胎兒而言都是一大考驗。而對母親而言，這是接受一個新生命的開始，為此，她必須能夠突破「害喜」所帶來的不適。

邁入妊娠中期即是安定的時期。可視為母體支撐新生命的成長時期。胎兒至此時已有大的進展。妊娠第十二週，胎兒才達三十克重，妊娠第二十七週，胎兒體重已超過一千公克。這時已渡過流產、自然淘汰等危險時期而進入安全時期。

母子相結合

妊娠第四個月，胎兒體重達一百至一百二十公克左右，身高則達五~十二公分，內臟也大致完成了，消化器官、泌尿器官等開始發生功能，並有尿意，臉部已完全調整過，嘴型亦大致完成，同時，牙齦也大致完成雛型。

完成的胎盤透過臍帶，將孕婦與胎兒結為一體，母體日常生活中的種種變化，經由血管而影響胎兒；相反的，胎兒在體內所產生的各種現象亦將反映至母體，自此以後，母子生命相連的關係越發深厚！這種母子生命的相連，即是代代相傳的精神所在。

若仔細觀察胎兒的動態，這時已完成身為「人」的各種運動。到此為止，雖不曾做長久激烈的運動，但在寬廣的羊水腔中，可以慢慢地動、重覆做相同的動作、移動位置、改變位置，做全身上下的運動，這跟大人在水中活動是一樣的。另外一方面，手指、腳趾、手腕等細小動作亦相當發達。同時，手可移

動至身體各部位，如摸摸膝蓋、插入兩條大腿中間、摸摸臍帶、胎盤、兩手放在臉部的前面做有節奏性的移動，偶而亦可做些跳躍的運動。至十四~十五週左右，可用手搔頭、搔搔臉等，其中用腳踢子宮壁是胎兒感到最得意的動作。

對於外來刺激，身體仍不怎麼反應。這是因為脊髓、延髓上方的中腦部位才開始支配運動。但是，透過超音波可看到手部經常移至中腦的運動狀況，而且往往是看到頭即移至頭部，看到臀部即讓手伸至臀部、大腿部位，而影響測試觀察。這是因為接受測試檢查的部位，感受到超音波的能源而加以反應之故。

若用「聲音」來觀察胎兒的行動，可發現一件非常有趣的反應：首先先讓母親坐著聽音樂，然後播放母親喜歡的音樂，漸漸地母親即朗朗上口地唱了起來，同時把整個氣氛製造起來，由於妊娠期間已達3~5個月，胎兒亦能感受到這愉快的氣氛而活潑快樂地動起來，在播放的旋律中，一次又一次地移動。但是，若碰到母親不喜歡的曲子或難學的曲子，母親根本無意欣賞，那麼腹中的胎兒亦停止移動。可見得，因母親的情感變化而引起母體內荷爾蒙環境的變化，將影響到胎兒。

這跟音樂種類並無關係，而是將母親的喜惡表現出來，間接地影響到胎兒，而非直接讓胎兒聽這音樂而反應出來。

母親的狀況

母親的腹部微凸，仍然不是很明顯，子宮變大、多尿、骨盤充血，並影響S字結腸、大腸，而常常發生便秘、下痢現象。乳房明顯變大，此時，請隨時保持乳頭的潔淨，並擦上冷霜，若發現乳頭陷凹進去，需要特別注意清潔問題，並請教醫生。注意在妊娠時期不要過於按摩乳房，免得誘使子宮收縮而造成流產。

妊娠中的分泌物

妊娠中，外陰部和陰道內皆會充血並會增加分泌物，特別是過了妊娠第四個月，分泌物量更加增多，為了保持外陰部的清潔，須勤換衣褲，儘量每天洗澡，但是應避免長時間的浸泡及使用過熱的熱水。到了第八個月，肚子將明顯增大且身體亦較難行動，洗澡太久怕容易發生滑倒、撞到腹部或壓迫腹部等事情，若是一個人在家，那就很麻煩。所以不要做勉強自己的事，並學習簡單輕便、安全的洗澡方式。

若分泌物中帶有顏色，或外陰部紅腫、會痛、會癢時，可能是陰道發生感染了！病原性感染包括梅毒、淋菌，但是發生的比率不高，一般是罹患三鞭蟲陰道炎、真菌性陰道炎、外陰部炎、非特異性陰道炎等病例較多，症狀上，大致是外陰部感到搔癢、分泌物增多、紅腫、疼痛。

若發生以上症狀，應盡速就醫，及早治療，並注意個人清潔衛生；總之，多檢查體內狀況，與醫生多多聯繫，則能事前防範各種病體的產生，健康地生下小寶寶。

牙齒治療

懷孕時，蛀牙的罹患率會增加，這是因為胎兒不在乎母體的營養如何，而只吸取他需要的養份。若母體鈣質不足時，胎兒即從母體的骨骼中吸收鈣質。

一般成人，一天需要六百毫克的鈣質，只要從平常的飲食中攝取即可。一旦懷孕時，則鈣質的須取量高達一千毫克以上，所以孕婦需從食物中攝取更多的鈣質。大骨湯、小魚、海藻、牛奶…等含有豐富的鈣質，平時應多食用，而莊老師「喜寶」的天然含鈣量，更是豐富，是準媽媽補充天然鈣質相當不錯的選擇。

蛀牙與其他疾病不一樣，不是放著即自然能痊癒，為了慎重起見，懷孕時應立即接受牙齒的健康檢查，若需要治療，則應早點接受治療。若牙齒不好，則孕婦無法好好地咀嚼食物而使得營養消化吸收功能變差；若牙齒化膿發炎，需拔牙或動手術時，這將影響胎兒的成長。妊娠中，接受牙齒治療時，不要忘了提醒醫生妳已懷孕，以便醫生多加注意。

十六—十九週（第五個月）的掌握

安定期、平穩的生活

胎兒身高約二十~二十五公分，體重二百五十至三百公克，開始長頭髮，並完成皮膚的觸覺感覺。外耳、胃部出現製造粘液的細胞，大腦未出現摺痕，體內基本構造已是最後的完成階段。

透過超音波可看見胎兒已能做些細小的動作，兩手在臉部前面握手，手指一隻隻地扳動，做抓手運動、跳躍運動。腳踢動力量大，嚴重時，可踢到子宮壁。

這時子宮已提升至肚臍以下約橫兩根手指的位置，孕婦腹部已逐漸地膨脹。這段時間是妊娠中最安定快樂的時候。生過小孩的孕婦至十六、十七週時

即可感覺到胎兒的胎動現象，生頭胎的孕婦則至二十週才能感覺到。

妊娠四~五個月，可經由特別的聽診器或裝置來聽胎兒心臟跳動的聲音。這種比大人更快速持續的聲音，能讓人實際地感受到胎兒的生存、成長的事實。妊娠七~八個月，父親可從母親的腹部，聽到小孩心跳的聲音。

普通嬰兒，出生時頭部是向下的。若是腳部、臀部先著地時，稱之為「逆產」。而決定出生時著地的位置是分娩前才曉得。妊娠中期，胎兒活潑好動，常常是腳部、臀部朝下方。到了分娩時，大部分的胎兒是頭部朝下，只有百分之五的孕婦將發生「逆產」的現象。

體重的增加是健康的標準

妊娠期間，母親平均體重大概增加了十二至十四公斤，其中五公斤是胎盤、羊水、胎兒的重量，而剩下的則是母親腰部脂肪、乳房的肥大、血液的增加等等的重量。若至妊娠中期，體重未增加，食欲持續不振，則並非好徵兆。

一般，妊娠前至妊娠後期體重的增加，最理想是在十二公斤左右。「害喜」時體重無法增加。妊娠四個月時，體重應開始增加；至妊娠滿七個月（二十八週）應增加十公斤以上才是，換言之，每四週（一個月）即應增加二至三公斤左右，妊娠第八個月（二十九週）之後，若一週增加五百公克以上時，則需要控制體重。控制體重所採用的食物限制法，必須兼顧到胎兒的營養，在胎兒營養足夠下，來實行控制體重。主要要節制的是澱粉類、高糖類、高油脂類等。採取「質比量重要」的原則。

妊娠第八個月以後，過份攝取營養，不僅增加體重，腎臟功能亦將惡化，致使水分堆積在體內而發生浮腫的現象，一週增加二公斤（平常的四倍）是常見的。大致上，是妊娠中毒症的開始，這時要限制水分，及需要安靜。並接受

定期檢查，查出體重增加的原因，並接受生活指導。

體重增加而引起浮腫時，則需實行飲食控制，否則若引起妊娠中毒症時，將造成胎兒大腦發育障礙。同時，吃了過多高卡路里所引起的體重增加，亦將導致產後體重不易恢復的現象。

注意與先生之間的親密關係

一般婦女懷孕時，把全部精神重心放在胎兒身上，而忘了先生的存在，不在乎先生。特別是第一次懷孕的婦女，害怕做些親密的動作會對胎兒有些不良的影響，加上，害喜的不適，腹部的漸漸膨大，於是在不知不覺中便疏遠了先生，遠離了先生。婦女在懷孕期間，將減低性慾的慾望。但是，先生們卻不是因為妻子們懷孕即減低性的慾望。若雙方能瞭解彼此的需要，彼此對性的要求的不同，並且主動地協助先生，讓彼此相愛相扶持地渡過這段特殊時期，將能安撫孕婦在情緒上的不穩定。

特別是懷孕的中期，孕婦的心情穩定，胎兒狀態亦安定，若是懷孕過程皆順利，則在不壓迫腹中胎兒的情況下，夫妻倆做些親密動作並不會對胎兒產生不良影響。只是做為先生的，不要忘了體貼細心地照顧孕婦，同時需要注意的是，「愛的行為」若是過份的話，將讓妻子的子宮發生收縮，而誘使早產！所以，特別注意要在安撫孕婦情緒，及不影響胎兒的情況下，才能進行夫妻之間的性愛。

妊娠初期至第三個月及第八個月以後，需留意夫妻之間的性生活。初期，胎兒與母體之間的連繫尚不穩定，若對孕婦子宮施加過重的力量，怕孕婦子宮產生收縮而造成流產。害怕流產的孕婦，或醫生禁止性生活的孕婦，應好好地與先生做溝通，避免性生活。

妊娠中期、後期時，過分激烈的性交將促使陰道內非病原性細菌活化，而產生細菌感染的危險。妊娠末期，孕婦的肚子逐漸膨大，胎兒亦漸漸地移至產道的下方，作出生的準備，若這時加以刺激，促使子宮收縮，恐將造成破水而發生早產現象。總之，有關妊娠中性生活方面的步調應夫妻雙方適時地加以協調。

妊娠中期的流產、早產

妊娠中期雖是懷孕階段中最安定的時期，但亦有可能發生流產、早產等現象。若妊娠初期能安全渡過，至中期卻引起早產、流產等現象，實在令人替孕婦感到惋惜！第一次懷孕的婦女比較不會發生中期時的流產、早產。但是，即使是年輕人，亦將因為激烈運動、旅行、細菌的感染，或不留意日常生活的衛生而導致悲劇的發生，需注意小心。

高齡產婦、上一胎月子未做好、或有流產經驗的婦女，除了上述原因外，亦可能因為子宮肌腫或其他因素而造成早產、流產現象。特別是無任何現象而產生無意識地排尿，使外陰部、身體感到潮濕者，恐怕是破水的徵兆，需要留意。同時羊膜可能因為炎症，而發生小小孔穴，等到這孔穴逐漸變大破裂時，即排出大量的羊水。

一旦發生破水現象時，需要趕快送醫、並注射對胎兒無傷害的抗生物質。若是子宮頸發生鬆弛時（即子宮頸弛緩症），為了增強子宮頸，就需做簡單的手術，如此才能防止早產的發生。

總之，妊娠中期所引起的流產、早產現象很少是因為胎兒發生異常現象而引起的，一旦發生中期流產、早產時即應積極地接受治療，由於留下的後遺症很多，需從日常生活中注意以達到預防、治療的效果。

二十——二十三週（第六個月）的掌握

在羊水膜中浮游

身高至二十五~三十三公分，體重達三百五十至六百公克，全身的骨架已完成。毛髮逐漸增多，長出眉毛、睫毛、脂肪。皮下脂肪少、皮膚薄、全身呈瘦長的狀況。羊水量達三百五十西西以上，羊水腔亦增厚。妊娠懷孕第八週即開始製造腦細胞，至妊娠二十週左右時已大致完成。

最近，對未成熟胎兒的醫療方面非常進步，即使產下四百公克左右的未成熟嬰兒，亦能在母體外生存。一般，至二十三週左右的未成熟胎兒是很難撫育的。而現代的醫學已能撫育這時期出生的嬰兒，今後，將提升醫學的發達使更小的胎兒亦能生存活在這世上。

這時期的胎兒，已完成人形，動作活潑，胎位可自由變換，常用腳踢動、擺動臀部；全部手指皆能動，不時撫摸臍帶、腳、手等部位，或握或遠離。可清楚地看到腳掌，並不時地跳動移動著，非常活潑。臉部輪廓清晰，眼瞼清楚地移動。鼻子、上下嘴唇、下顎、臉頰等臉部表情亦可看得一清二楚。這時的開口運動如打哈欠一樣張開著大嘴或將手指放入口中，舌頭也不時地移動著、轉頭等。

母親的狀況

腹部膨脹、子宮底提升至肚臍眼左右的地方。胎動也逐日明顯，體重亦明顯增加。全身常感疲倦，腰部、背部常感酸痛。若上次懷孕發生靜脈瘤者，下肢、外陰部靜脈則發生明顯腫大的現象。這時，孕婦在精神上，可說是最安定的時期。時常藉著胎兒的移動狀況，而拉近母親與胎兒的距離，並豐富安慰母親的心靈。

胎兒健康的指針——胎動

每一個即將為人母的婦女，都有「胎動」發生時驚喜的經驗，雖然只是輕微的一個踢動，但是卻給了母親不少的安慰。生命雖然不由胎動而起，但在古代，胎兒的生命確是由胎動發生而確定。

早期的胎動非常輕微，就像「腸子蠕動一樣」，妳要是不注意的話根本察覺不出來！「胎動」會隨著月份愈來愈多，直到懷孕九個月後，由於胎兒的睡眠時數加多，以致漸漸減少。通常頭胎的胎動較第二胎以後為晚。

每天胎動的次數，由四次到一千多次不等，在胎動每天少於四次或是急劇的下降時，必須由產科醫師立刻評估胎兒的健康，以決定胎兒有否瀕臨於危險的境地，國外曾有產婦因胎動停止，經產科醫師檢查，立刻剖腹產下健康嬰兒的報導。我們的結論是：當胎動完全停止後，八小時內胎兒還是可以救活的，可是一但連胎心都聽不到時，就為時已晚矣！

適度的妊娠運動

妊娠期，孕婦可保持往常的生活習慣、運動、渡假以及其他休閒活動，只要衡量身體狀況，不要過於勞累即可。散步、游泳、爬樓梯等，對於正常的妊娠都不會造成危險。至於激烈的運動及危險的競賽則必須暫停。

水溫在二十九度~三十一度，利用浮力將身體漂浮起，藉此可緩和腰痛、腿肚抽筋、靜脈瘤等，同時對分娩亦有助益。但必須留意的是，水溫至二十八度以下，將使子宮緊張收縮而可能形成早產、流產的現象！利用子宮較不易收縮的時段（早上十點至下午二點）去做以上的活動較佳，水溫過高則容易造成疲倦。

配合音樂做緩和的體操亦有助於分娩，對於不喜歡活動的孕婦而言，這是一個不錯的方法。此外，早晚可散步二十~三十分鐘左右，即使是懷孕也不要忘了平常的運動。若平時即不喜歡運動的婦女，此時更要多動一動。

與胎兒一起旅行

懷孕至第六個月，孕婦已大致能習慣懷孕中的生活，胎兒亦逐漸在穩定中成長。在行動上，不似初期必須有所顧忌。到了懷孕後期，由於瀕臨生產時刻，大部份時間都得待在家裡，頂多動動身子外出一下換換環境氣氛，讓胎兒生活得更舒適；胎兒一生下來，孕婦便得每天忙碌地照顧，很難得有空暇。倒不如在這時（懷孕第六個月）做一下短程旅行，讓生活充滿閒情逸致，對胎兒而言，亦不失是一個不錯的胎教方法。

在旅行之前，先做好旅行計畫，不要讓孕婦及胎兒太勞累，避免人多、複雜的地方，事前先排好周全的計畫，不但能讓孕婦及胎兒達到寓教於樂的功能，同時亦讓先生不至於太過麻煩、疲憊。盡量選擇家中附近的地方，綠草如茵，空氣新鮮清新，能達到舒散身心的功能，對孕婦及胎兒而言，即是一種無上的享受。

藉著旅遊最容易使孕婦恢復疲勞，並增進夫妻倆的情感，讓夫妻倆攜手為更美好的明天而努力。

妊娠與旅行

利用飛機、船、車子為交通工具的旅行，對孕婦而言，是不同於平常的活動。身體活動感少了，反而必須長時間採同一姿勢，或走更遠的路途。那麼，「旅行」帶給孕婦的不是歡樂而是疲憊。在醫學上，「旅行」對孕婦而言，是

一種非生理性的侵襲。何況「旅行」對每一個人的影響程度不同，很難回答什麼樣的旅行是安全的。

「旅行」對孕婦是否會產生不良影響，則視孕婦狀況。當孕婦身體發生問題時，恐怕將帶來不良的結果，還是好好地跟醫生商量、討論。即使是可以旅行，為了絕對安全起見，要做到面面俱到不可疏忽。長時間坐在車上搖晃對孕婦影響極大，應避免做長距離的旅行。

最好選擇妊娠第五個月至第七個月，而搭乘交通時間盡量縮短。千萬不要上了高速公路，一上即是四、五個鐘頭，那對孕婦而言，是吃不消的。特別是團體觀光旅行，更應該避免，若能自我控制行程是最理想的旅行方法。

外出時注意事項

懷孕中期，只要是不過分，外出一下對不常運動的孕婦而言，是具有正面意義的，即使每天稍微散步一下對孕婦而言都是好的。不要忘了季節變換，準備適當的服裝、運動鞋、毛巾等。夏天應避免太陽直射，最好是請先生一起去。

孕婦的交通工具

原則是以搭乘一至二小時的交通工具最恰當，長時間的振動，將誘使孕婦子宮發生收縮現象，容易造成流產、早產現象。「坐車」對孕婦而言可說是「百害無一利」，對胎兒而言，「經常的振動」並不是製造好環境的條件。不要因為「震動」而擾亂了「運動」與「休息」的平衡。何況現代的交通狀況，對孕婦是一種無形的精神壓力。如此，將影響腹中的胎兒。同時，孕婦本身亦

須避免親自開車，應由先生或親戚朋友來開，另外，不平穩的車亦不要搭乘。

儘量利用「走路」，買東西時，不妨多走走，可達全身運動，或做做體操，有助於將來的分娩。

懷孕與通車

縮短通車時間，避免交通尖峰，免得孕婦在搖搖晃晃不穩的車內難受。在工作上，盡量避免接觸重物，不要長時間集中心思，絞緊神經思考，這樣將加重孕婦的負擔，對胎兒亦不是好的生長環境。

二十四—二十七週（第七個月）的掌握

懂得反應

懷孕至第七個月，胎兒體重已達六百五十至一千公克，身高約三十三至三十六公分，皮膚形成皮下脂肪，呈玫瑰色、皺紋狀。中樞神經系統方面，大腦開始產生皺紋，間腦亦發揮功能，開始衍生出原始的情感，耳朵、眼睛、皮膚的末梢神經感覺逐漸發達，可做神經反射動作，自律性神經系統活動亦開始。

母親方面，子宮升至肚臍上方二至三公分左右的地方，腹部亦稍增大，因此，直立時，重心多少移向前方，為了求取平衡，常牽動背部的肌肉，加重背部骨架的壓力，容易造成腰痛，應避免長時間採取直立的姿勢。

子宮大而重，位在腹部、壓迫靜脈，容易使下肢、腹部發生浮腫現象；因

為賀爾蒙的影響，軟化了全身的韌帶或骨骼結合的部分，容易使腳跟部分常感到疼痛，手部難以握合，手腳開始產生麻木現象，體重明顯增加，這時容易引起貧血現象。

喜歡媽媽溫柔的聲音

懷孕第七至十個月，胎兒的音感神經已完成，身體逐漸長大，肌膚已能碰觸到子宮壁，而孕婦的腹壁亦轉薄，可將聲音傳至胎兒。胎兒生前即能聽到母親的聲音，雖無記聲音的能力，但能記住聽音的音調、抑揚頓挫的節拍。胎兒出生的那一剎那，激烈的哭叫著，將他抱在母親的胸前，讓媽媽溫柔的與小寶貝說說話，不久之後，嬰兒即停止哭泣。這是因為母親的聲音，喚起嬰兒生活在子宮內的安全感。誕生在這個全新的世界裡，唯一熟悉的是母親慈祥的聲音，對小貝比而言，母親溫柔的聲音是無上的東西，讓他覺得溫馨、安全。

新生兒在胎內即已具備「聽聲音」的能力，胎兒時期，常常可聽到母親時高時低的聲音，漸漸地即熟悉「聲音」，尤其是妊娠後期。出生以後，一聽到母親的聲音即感到安全感，而顯現出溫柔嫻靜的表情。看到嬰兒的表情，使母親愛子的心情更加深了一層！透過聲音，至妊娠末期，將母子緊緊連繫在一起。

胎兒在睡夢中逐漸長大

胎兒在母親體內逐漸長大，漸漸地孕婦亦較難入睡，特別是懷頭胎時，躺在床上稍微一轉身，胎兒亦跟著改變姿勢，採取比較舒服的姿勢來配合母親，比白天更好動！這時孕婦已開始想著生產、坐月子及小孩照顧等等的問題，而更加難以入眠。

妊娠中，睡眠是很重要的，母親若能安穩入睡，腦部的腦下垂體即能製造生長激素，而這「生長激素」對胎兒而言是非常重要的，藉著生長激素亦可使母體恢復身心的疲勞，並儲備第二天的精力。

有些孕婦至妊娠第五個月以後，常常不能好好入睡，應該自我摸索一種適合自己、能幫助自己熟睡的方法，這樣對胎兒、對孕婦都有很大的好處，兩者身心都能均衡、穩定的發展。

二十八——三十一週（第八個月）的掌握

邁入妊娠後期

胎兒身高約三八至四一公分，體重約一千一百至一千七百公克。當胎兒成長至一千五百公克左右時，由於身體發育尚未成熟，故即使出生亦很難自己生存下來。此時期胎兒的呼吸運動還不規則，肺囊亦未充分擴展開來，此時慎防早產！

胎兒的血液跟大人一樣，都是由骨髓來製造。從三十週以後，可看出其手腳的肌肉緊張程度提高，並且可使肌肉保持在結實的收縮狀態，當體重達二千公克以上時，肌肉已經可以緊緊地將自己的身體予以固定。聽覺在這時期已成長到間腦的反射弓，在母親平時各種生活以及爸爸、媽媽的聲音也逐漸傳至腦

部。胎兒的顏面這時已長得相當結實了。到第八個月結束，邁入第九個月時，胎兒的眼睛開始會對光線有所反應，而且會從瞳孔中反射出來。

在這個時期胎位已經定下來了，到二五、六週時，約有百分之五十的胎兒骨盤胎位不正（胎兒的頭在上面、腳在下面），但是不用緊張，有些胎兒會用自己的腳去踢子宮壁，在羊水中慢慢地掉頭。過了三十週之後，大約有百分之九十的胎兒位置是正確的，而其後大約會有百分之五—六的胎兒（此時一半以上是逆產）會自然回轉，從逆產變為正常，但最後還是會有百分之四—五的胎兒不正而分娩下來。

此時期母親的子宮底從肚臍到心窩中間逐漸變大，下腹部的皮膚浮現出宛如割線般的妊娠紋，有時腰會痛、有時腳跟刺痛，舉步維艱，而小腿肚也常會出現抽筋現象，從此時期開始，很容易引起浮腫、高血壓、蛋白尿、糖尿病、急速的體重增加等狀況。另一方面，對母親而言，從懷孕第八個月開始，負擔開始變重，在日常生活方面也會變得行動不便、很容易疲倦。

此外，母親的手可以透過腹壁來撫摸胎兒（因為胎兒由於肌肉緊張上昇之故），因此如果輕揉腹部的話，可以了解圓圓硬硬的頭部究竟是在上面或下面，而腳踢的方向就是屁股的所在，只要稍微細心就可以察覺了。

妊娠毒血症

妊娠到第二十八週之前，只要一個月做一次定期檢查即可，第二十八週開始，每隔兩個禮拜一次，從第三十六週之後，每個禮拜都必須到醫院身體健康檢查。這是因為妊娠後期孕婦生病亦會對胎兒有很大的影響，尤其是妊娠中毒症對胎兒的影響尤鉅！

妊娠中毒症的主要症狀有：浮腫、尿蛋白、高血壓三種。由於妊娠中毒症

會侵犯母親的腎臟、肺部等器官，甚至還會傷害到胎盤而引起未熟兒、胎兒昏厥、胎兒死亡等情形，所以懷孕末期要特別注意定時產檢，以便藉由產前檢查而早期發現並接受治療。

喜歡母親的腹式呼吸

當妊娠第七個月結束時，胎兒已超過一千公克，而身高也有三十八公分左右了，子宮對胎兒而言，已經是個日益侷促的空間，因此，這時請以腹式呼吸法給胎兒充分的新鮮空氣吧！

此外，做腹式呼吸時，也會分泌少許使精神鬆弛的荷爾蒙，這種荷爾蒙傳給胎兒時，可以使他的心情變得安穩。

腹式呼吸不管在什麼地方都可以做，當孕婦感覺疲倦時，不妨深深地坐在椅子上，抱持著擴展胎兒生存空間的意識來施行：

1　背靠於某物上（半坐位式）。

2　膝蓋弓起，全身的力量放鬆，將手輕輕置於腹上。

3　從鼻子吸氣，使整個腹部大大地鼓起。

4　從嘴巴慢慢地、強勁地將腹中的空氣全部吐出。

腹式呼吸在吐氣時所需的力量要比吸氣時大，慢慢吐氣是它的訣竅，必須注意不可顛倒行之，而且要充分練習。

腹式呼吸每天要持續進行三次以上，可以於早、中、晚各做一次，把全身放鬆，然後告訴自己說：「來吧！孩子，媽媽給你送來新鮮的空氣囉！」

學會腹式呼吸的方法之後，在生產時對於陣痛期間的放鬆也很有幫助。

三十二──三十五週（第九個月）的掌握

安排坐月子的飲食與生活

胎兒身高約四十二至四十六公分，體重約一千七百至二千四百公克，在此時期胎兒開始長出皮下脂肪，而且逐漸變圓、變大，皮膚也變成玫瑰般的顏色。不僅面貌定形，表情也變得豐富，眼睛可以時開、時閉，眼球可以轉動，頭也可以往左右回轉，手也常伸到臉前活動。此時胎兒的頭髮也長了一至二公分，手指甲也確實長出來了。

此時期孕婦的腹部已變得十分龐大，由於子宮底已經上昇到心窩底，所以會壓迫到胃，以致於造成食慾不振。除了胸部好像被什麼頂住的感覺之外，身體也變得很難彎曲，渾身無勁而且不想動。特別是上下樓梯顯得格外笨拙，步行也變得很容易跌倒。所以此時孕婦最好能不慌不忙、慢慢行走。

小貝比很快就要和妳見面了，這時期，是妳應該要安排坐月子事宜的時候了，首先，妳要先決定好準備坐月子的場所及方式，再來，妳要安排好坐月子中幫妳照顧小貝比的人手，期間，妳不妨攜同先生或家人參加各種準媽媽健康講座及料理試吃會，透過各種資訊，可以協助妳判斷及選擇最適當的坐月子方法。

廣和月子餐外送服務

坐月子期間所有吃跟喝的食物內容與製作方法跟一般期間的飲食完全不同，這個部分在「做好月子的要項評分表」裡面，分數佔了六十分，是坐好月子的三大要領中，最重要的一項。換句話說，即使妳花了很多的錢請人幫妳帶

孩子，甚至到專業的坐月子中心去坐月子，然而只要在飲食方面沒有好好遵守的話，坐月子的效果仍然會非常不理想，基於此，廣和莊老師特別提供了一套讓產婦輕輕鬆鬆就能把月子做好的「廣和月子餐外送服務」。

「廣和月子餐外送服務」是以旅日醫學博士莊淑旂女士完整的坐月子理論為基礎，並經由外孫女章惠如親身印證並改良後而創造出的一個讓產婦能夠輕鬆把月子「坐」的更好的新興服務。

莊淑旂博士是日本美智子皇后的家庭醫師顧問，也是台灣第一個拿到中醫執照的女醫師，她更是日本慶應大學西醫的醫學博士。莊博士在日本服務了四十年後，於一九九〇年回台服務，並且指導女兒莊壽美老師成立了廣和國際有限公司與廣和出版社，開始於台灣推廣全民健康與防癌宇宙操的理論。

一九九三年，莊淑旂博士首先於「廣和出版社」（後改為青峰出版社）出版的「坐月子的方法」一書中，提出以米酒來坐月子，滴水不沾的理論。一九九五年廣和出版社出版「坐月子的指南」（後改名為「如何坐月子」），書中根據莊淑旂博士外孫女章惠如老師的親身經驗，首度提出將三瓶米酒濃縮提煉成一瓶「米酒水」的方法，專供女性坐月子期間使用。迄今，已經造福了無數的產婦。一九九六年起，「廣和月子餐外送服務」正式於台灣展開服務，二千年，為了提升坐月子的整體效果，「廣和」推出精心研發的「廣和坐月子水」，這項產品是由米酒精華露加上廣和獨家天然配方之後，以陶瓷共振技術化為人體容易吸收的小分子，專供產婦在坐月子期間使用的「坐月子料理高湯」。

「廣和專業月子餐」全程使用「廣和坐月子水」，配合傳承自莊淑旂博士的坐月子飲食理論，已經讓無數婦女及台灣各界知名女性，包括多位新聞主播、政要代表以及知名主持人、藝人…等都能在產後短期內順利復出。服務品

質值得信賴！而廣和莊老師系列口碑見證良好的保健產品，更成為了現代婦女養身保健、恢復體型、滋潤皮膚的重要指針！

認識廣和月子餐外送服務

「廣和月子餐外送服務」是將產婦一天所需要的飲食內容，包括主食、點心、蔬菜、飲料、以及藥膳，全部按莊淑旂博士獨創、有效的坐月子理論，並以專業的方式，全程使用「廣和坐月子水」調理好餐點，每天新鮮現煮，並由專人配送到產婦家中、醫院或坐月子中心，一天一次，全年無休，讓產婦輕輕鬆鬆就能正確的把月子做得更好。

安排照顧小貝比的人手

孕婦在懷胎十月中，身、心上所承受的辛苦是不可言喻的！所以，我們絕對支持，每個產婦都要享有安心坐月子的權利！更何況，坐月子期間是婦女健康上的一個轉戾點，只要把握時機，用正確的方法做好月子，就能讓女人體質改善，越生越健康、越生越美麗！而坐月子期間最容易影響產婦安心坐月子的，就是剛出生的小貝比了！

所以，至少在產前二個月就要先決定好坐月子期間全職照顧小貝比的人手，而最佳的人選當然是自己的媽媽、婆婆、姊妹、鄰居或專業褓母，在這裡，請各位媽媽要特別注意：我們所謂的安排褓母，指的是「決定好全職的褓母」！常常聽到產婦哭訴：「之前滿口答應要幫我照顧孩子，生產後，確只是偶而來看一看，幫忙洗一下小貝比，晚上的時間，餵奶、換尿布還得全部自己來，根本無法安心睡覺！」，因此，如果實在沒有適當人選的話，就要跟準爸

爸來協商，只要準爸爸事先學習如何幫小貝比洗澡（因為產婦是不能幫小貝比洗澡的），於坐月子期間，白天可以母嬰同室，產婦練習側躺著餵母奶及側身來換尿布，晚上則預先把母奶擠出，小貝比與新手爸爸跟產婦分開房間來睡，這樣才能讓產婦有八到十個小時充分安靜的睡眠，而晚上就由新手爸爸來餵奶及換尿布，如果母奶不夠的話可以再補充奶粉。

懷孕末期的飲食

懷孕到第九個月，胎兒已經有二千公克左右的重量了。此時母親的體重激增，活動變得十分笨重，在此時該必須格外留心不要過胖或便秘了。

妊娠到第九個月，子宮底昇至心窩處而壓迫到胃部，以至無法大量進食。稍為吃些便感到很飽，然後很容易又餓了。此時期，吃飯已不只是三餐而已，要少量多餐，點心、宵夜、零食也是飲食的一部份，不妨多留意些。

此外，妊娠末期消化器官的作用會變差，而變得很容易便秘。孕婦此時應注意多攝取球根類、海藻類、纖維多的蔬菜，以免發生便秘。另外，要特別注意，鹽分不要攝取過多。

妊娠末期嚴禁過度用力使勁，會引起早期破水，造成胎兒早產，所以如果便秘的話，請試試本書之前介紹的「孕婦症狀對策」中的「便秘對策」，並且在檢診時與醫師商談，或許使用通便劑也是方法之一。

三十六——三十九週（第十個月）的掌握

迎接新生兒的準備

懷孕到了第十個月，胎兒的體重已達三千公克左右，身高也有五十公分左右，皮下脂肪已相當豐富，骨骼也長得十分結實，肌肉也相當發達，身體維持在一定的張度。此時，由於胎兒的頭部已在骨盤入口或已進入骨盤中，所以劇烈運動的情況已經較少了。但是有些胎兒在分娩之前還動得厲害，所以也不能一概而論。總之，可以說跟九個月時相較，動的次數已減少許多，感覺上似乎穩重多了。

母親方面，隨著壓迫心窩的子宮下降，對胃的壓迫感亦跟著減輕，故能比較輕鬆、愉快的進食了。此時身體變得非常笨重，即使只是些微的活動也會顯得相當困難，喉嚨很容易乾渴，動作顯得十分吃力，體重的增加十分迅速，同時，下肢和手、腰部等也很容易浮腫。

在生產前的七至十四日，孕婦會感覺胎兒似乎在急速下降、頻尿、腰部酸軟慵懶、肚子發脹（有不規則的子宮收縮）、排出的黏液中摻有少許的血絲、胎動變少等情況。在這些情況中，逐漸明顯化的是：子宮之不規則收縮程度加強，有時每十至十五分鐘便可感受到，而少量的出血也會因初產、經產或各人有所不同的差異。總之，只要有膠狀的黏液和出血，便是接近分娩的徵兆了。

現在，妳是否已做好迎接新生兒的準備了呢？

接近生產時的症狀

有些人認為在開始分娩前的一個禮拜左右便可稱為分娩期，此時期必須注意每隔二、三日接受診察，每天入浴，以及每日排便。

初產的人，很多是在開始分娩之前四、五天便覺得自己要分娩了，而早早便進入醫院等待生產，通常醫生會請她先回家，過幾天再入院！

真正的分娩開始係以子宮口開始打開為前提，其次，子宮的頸管要有短縮、熟化的現象，經產婦的生產過程通常在短時間內即可完成，因此，如果每隔十五至二十分鐘子宮便有收縮的現象，必須立刻送到醫院。如果未能清楚判斷此子宮收縮的周期時間，可能會在車中或候診室中生產哦！

◆生產開始時的信號

一、初產婦：

分娩前期長達七至十日，會有排出膠狀黏液，少量出血，或者破水的情形。

如果一小時內有六至七次規律正常的收縮的話，便表示要開始分娩了。

二、經產婦

即使有分娩前期的期間，但仍有突然分娩的情況，故當子宮每隔十五至二十分鐘便收縮，並有少量出血的話，便應該入院接受診察了。

生產的過程與原理

◆生產的開始

胎兒在母親腹中成長到可以出世的程度時，便會傳送出生產的荷爾蒙信號，接受到此信號的母體會促使讓子宮收縮的荷爾蒙加強作用，這便是告知生產開始的陣痛。

◆分娩第一期（開口期）

子宮發出強烈的收縮時，胎兒被迫往產道的方向移動，子宮頸管的肌肉似乎要將原來一直緊閉的子宮口撐開似的，往上方移動，子宮口因此而張大，而胎兒亦受到牽引而稍微往骨盤內下降，當子宮口打開至十公分左右時，胎兒便通過此開口，頭部從子宮朝陰道中移去。

◆分娩第二期（娩出期）

胎兒搭乘著規律的陣痛波，一面在陰道中狹窄的產道內迴轉，一面下降，不管是對母親或胎兒而言，這都是最難耐的時刻。

◆分娩第三期（後產期）

分娩後，子宮收縮逐漸變小，十至二十分鐘後，胎盤娩出。

第三篇　坐月子篇

坐月子是女性一生中增進健康的最大良機

女人一生中有三次改變體質的機會，一次是初潮期，一次是生育期，最後一次則是更年期；特別是生育期，它是最能夠改變女人體質的最大機會。

生育是揚棄舊的廢物，生產新的物質。在懷孕十個月的時候，貯存於母體內的東西，會在生育時隨著胎兒一起排出，所以在體內發生重新創造的作用。也就是說，母體內已產生大規模的新陳代謝，嬰兒會給母體帶來新的青春和活力，甚至能藉此治療懷孕前的疾病。也因此生育後的調養是不容忽視的，倘若調養不足，將來極易發生包括癌症在內的慢性疾病；所以只要坐月子方法正確，要想再恢復往日體型不是一件困難的事，而且還能讓健康情況十分理想。

生兒育女是人生的大事情，而坐月子更是女性一生中增進健康的最大良機；唯有將自己調養的容光煥發，身心健康，才能擁有美好的人生，也唯有妳健康，家中才會陽光普照、幸福美滿，所以坐月子是多麼重要！在珍惜坐月子的傳統智慧中，正確實行產婦的保養方法，除了擁有容光煥發、更能保有健康的財富！

何謂坐月子？

所謂坐月子就是婦女經過了懷孕的過程，在生產之後的三十天至四十天內，別於一般期間的生活方式、飲食方式以及休養的方式，而坐月子包括了自然產、剖腹產及小產；小產又包括了自然流產、人工流產及死胎(胎死腹中)；一般自然生產須坐月子三十天，剖腹產因為有傷口、小產因為是臨時中止懷孕，內分泌跟荷爾蒙會極度失調，均須好好調養至四十天。

剖腹產也要坐月子

許多人會問：剖腹產的產婦因身體上有傷口，是否還能吃「麻油」及「廣和坐月子水」的料理？其實剖腹產是刀傷，對身體來說影響並不大，只要傷口沒有發炎化膿，並沒有什麼關係，況且飲食中所加的「廣和坐月子水」，均不含酒精成分，而麻油只要選擇慢火烘培的「莊老師胡麻油」，如此就沒有什麼大問題了。

至於剖腹產者在坐月子的方法、原則上與自然生產者大同小異，只不過略須加強罷了，一般自然生產者須坐月子滿三十天，而剖腹產者則須四十天，又因動手術前須做麻醉注射，因為麻醉針的注射會使身體細胞沉睡而難於復蘇，而麻醉藥的藥效亦會於體內遊走，致使產後產生許多副作用，例如：脹氣、便秘、食欲不振、失眠、掉髮等，故剖腹產者可喝「養肝湯」來調理化解。

小產更需要坐月子來調養身體機能

另外，「小產」無論是自然流產或是人工流產，均應完全比照坐月子的方法，好好休養至少四十天。

很多人認為小產根本不需要坐月子，殊不知自然產或剖腹產的孕婦乃屬於瓜熟落地，待胎兒成熟後自然分娩出，如此對母體的傷害將大大減少；然而小產者因胎兒尚未成熟即終止懷孕，就好像果實未成熟即自樹上被硬摘下來，這樣對樹體（母體）的傷害，將會非常嚴重。

所以小產後的婦女，內分泌及子宮機能將嚴重失調，此時若不知要好好坐月子將受傷的機能調整回來，不僅身體將會愈來愈差，更有可能造成腰酸背痛、皮膚粗糙、容易老化、乳房下垂、不易受孕、習慣性流產，嚴重者甚至有可能罹患子宮肌瘤、卵巢瘤、子宮內膜異位、乳房纖維囊腫、子宮癌或乳癌！

坐月子的重要性

坐月子是女性健康的一個轉戾點，可以說，只要懂得把握坐月子改變體質的好機會，採用正確的坐月子方法，就有機會讓女人越生越健康，越生越美麗。

相反的，如果不用正確的方法好好坐月子，就有可能生了一胎老了十歲，生了一胎就變成了歐巴桑的體型、歐巴桑的體力、骨質疏鬆、鈣質流失，花容失色，甚至會提早更年期！

何謂做好月子？

坐月子既然這麼重要，那什麼樣才叫「把月子給做好了呢」？其實女性在懷孕期間，子宮撐大，內臟都被胎兒壓迫變了型；一但生產，子宮成為真空狀態，內臟因不再受壓迫而產生鬆垮的狀態，此時內臟有拼命的要收縮回原來樣子的本能；若能夠在這個時候用正確坐月子的方法助內臟一臂之力，就有機會讓內臟迅速的恢復到原來的彈性、高度(也就是位置)、及功能，這樣就是體質改變；而因為體質改變了，就有可能將原來身體的症狀減輕甚至是消除，進而達到脫胎換骨的目的！而在外觀上首先就是要把撐大的肚子及增加的體重恢復到原狀，這樣月子就是做好了。

月子沒做好會如何？

坐月子期間因錯誤的飲食及生活方式，會破壞掉全身細胞及內臟收縮回來的本能，而造成內分泌、賀爾蒙嚴重失調以及「內臟下垂」的體型，而「內臟下垂」就是所有婦女病的根源。

產婦若於坐月子期間造成「內臟下垂」的體型，內臟運作即不活潑且易產

生脹氣，除了會壓迫神經產生腰酸背痛的症狀外，日積月累就會從身體最弱的器官開始產生症狀，如潰瘍、腫瘤、體力及記憶力減退、眼睛疲勞、黑斑、掉髮及皺紋等未老先衰的症狀。所以產婦若沒做好月子，即有可能生了一胎就老了十歲，生了一胎就變成歐巴桑的體型、歐巴桑的體力、骨質疏鬆、鈣質流失，花容失色，甚至會提早更年期！

月子做好會如何？

坐月子雖然不能直接治療任何症狀，也不能減肥，但的確有機會因方法用對，改善了體質，讓細胞及內臟重新生長，恢復活潑及彈性，症狀也隨之減輕或消除，而體質的改變，也有可能讓偏差的體型逐漸恢復成正常體型。

所以在實際的案例上，有相當多的人利用坐月子改變體質的大好良機，改善了過敏、氣喘、潰瘍、怕冷、黑斑、皺紋、掉髮、酸痛、便秘、易疲勞、肥胖或體重過輕等症狀。而原本體質就很好的產婦，在用正確的方法做完月子後，外觀就是將撐大的肚子消掉（但肚皮表層斷裂及鬆垮約需六個月的時間才會慢慢恢復），體力恢復回未懷孕之前原有的體力，沒有什麼太大的改變。

如何做好月子

做好月子的三大要領：

第一、坐月子的飲食方式要正確(60%)

特別提醒準媽媽，坐月子期間須嚴格遵守飲食第一大原則：即「滴水不沾」，所有料理的湯頭以及喝的水分均須以「米精露」或「廣和坐月子水」來烹調，而坐月子期間所有吃跟喝的食物內容與製作方法也跟一般期間的飲食完全不同，這個部分在『坐月子要項評分表』裏面，分數佔了六十分，是坐月子的三大要領中，最重要的一項。換句話說，即使妳花了很多的錢請人幫妳帶孩子，甚至到專業的坐月子中心去坐月子，然而只要在飲食方面沒有好好遵守的話，坐月子的效果仍然會非常不理想，由此可知坐月子期間飲食的重要性！

第二、坐月子的生活方式要正確（20%）

坐月子期間需要遵守正確的生活守則，比如說：坐月子期間不能洗頭，就請一定遵守三十天不洗頭，但要用正確的方法來清潔頭皮，否則容易堵塞頭皮毛細孔而產生不好的作用，又比如：坐月子期間的室溫須維持在二十五至二十八度之間，所以夏天坐月子，就必須要開空調，但卻要注意不可以吹到風！所以一定要想辦法將空調的風完全擋住，不可對著產婦吹，而且產婦須穿長褲、長袖、戴帽子、手套、圍巾，並且穿襪子來擋風！千萬不可道聽塗說，不去真正完全瞭解正確的坐月子生活守則，結果苦了自己，月子一樣做不好！

第三、產婦要有充分安靜的休養（20%）

產婦每天一定要安靜睡上八至十個小時，而一般會影響到產婦安靜休養的，就是剛出生的小貝比，所以要提醒準媽媽們，要在懷孕期間就先安排好產後坐月子三十至四十天，全職照顧小貝比的人手。

以上三點如果都能做到的話，不論妳在哪裡坐月子，都一定能將月子做的很好，相反的，如果其中有一項或二項無法做到，就算花了再多的錢，比如說到月子中心，或者是請了再多的人手來幫忙坐月子，一樣無法將月子做好！

坐月子要項評分表

坐月子期間飲食	60分
坐月子生活方式	20分
坐月子安靜休養	20分
合計	**100分**

在家做好月子的方法

一、選擇在家坐月子

每一個產婦，因為荷爾蒙改變的關係，精神上的疲勞都比較不容易恢復，情緒上也往往會為了一點小事就激動起來，尤其是面對到居住的環境突然改變，比如：剛生產時住院期間，或者特別為了要好好坐月子而住進月子中心?等，常常因為對周圍的環境陌生而產生不安全感，甚至容易導致產後憂鬱症的發生！所以，在產前就先安排好坐月子期間的居住環境，是相當重要的一環。

然而，不論是五星級豪華的飯店、或是提供吃、住及小貝比照顧的月子中心，都遠遠不如產婦家中來的理想，因為，只有自己最溫暖的家，才是產婦早已熟悉的居住環境，而得到家人的陪伴及照顧，才能讓產婦真正沉浸在喜悅中而安心坐月子。

所以，只要事先決定在家坐月子，並先佈置好坐月子的環境，如：設置空調，但要想辦法將風口擋住、準備音響及錄音帶或CD片，以便坐月子期間可以聽聽優美的音樂或新聞，另外，室內燈光、窗簾的佈置、以及坐月子期間產婦的衣物、清潔的用品、用膳的桌子、嬰兒的用品……等等，那麼，坐月子的時候，就可以安安心心地在家把月子做得更好了！

二、選擇「廣和」全套的專業坐月子系列：

方案一：

只要先跟「廣和」購齊整套的坐月子系列產品，包含：「廣和坐月子水」五箱、「莊老師胡麻油」三瓶、「莊老師仙杜康」六盒、「莊老師婦寶」四盒及「莊老師養要康」一盒，坐月子的時候，只要請家人按照本書「坐月子飲食篇」操作並使用「廣和坐月子水」及「莊老師胡麻油」製作餐點，產婦同時再配合服用「莊老師仙杜康」、「莊老師婦寶」及「莊老師養要康」，並全程綁「莊老師束腹帶」，就可讓坐月子飲食的六十分輕鬆到手。

方案二：

可以選擇源於台灣、享譽中、美，並且口碑廣佈的「廣和月子餐外送服務」，坐月子的時候只要負責吃跟喝「廣和」送來的專業餐點，還要負責不偷吃、不偷喝其他任何東西，這樣更可以輕輕鬆鬆的拿到坐月子飲食的六十分！

三、熟讀『從養胎到坐月子』一書：

於懷孕期間就熟讀『從養胎到坐月子』中的坐月子生活注意事項，有問題就打電話到廣和客服專線詢問（0800-666-620），坐月子期間產婦在家裡頭自行遵守坐月子生活守則，這樣又可以輕鬆將坐月子生活正確的二十分拿到手！

四、安排坐月子期間到府專職褓母：

至少於產前二個月就先決定好坐月子期間到家中全職照顧小貝比的人手，而最佳的人選為媽媽、婆婆、姊妹、鄰居或專業褓母，如果實在找不到人的話，不妨跟準爸爸來協商，只要準爸爸事先學習如何幫小貝比洗澡（因為產婦是不能幫小貝比洗澡的），於坐月子期間，白天可以母嬰同室，產婦練習側躺著餵母奶及側身來換尿布，晚上則預先把母奶擠出，小貝比與新手爸爸跟產婦分開房間來睡，這樣才能讓產婦有八到十個小時充分安靜的睡眠，而晚上就由新手爸爸來餵奶及換尿布，如果母奶不夠的話可以再補充奶粉。

只要按照以上的方法來做的話，相信每個人都能夠輕輕鬆鬆在家裡就把月子做的非常好！

坐月子生活篇

安靜休養三十至四十天

產後最重要的一件事即為「休息」，在這段期間內，產婦周圍的親戚，如娘家的母親與姊妹、夫家的親屬、當然還有丈夫等，都應同心協力的來照顧產婦，不讓她離開房間、不讓她起身做任何勞動、不分貧富、或者第幾次生產，甚至是小產，都一定要同樣的慎重！自然生產者須休養三十天，剖腹產、自然流產或人工流產者，更須延長休養的天數至四十天以上！

臥床二週

產後二週內為子宮收縮最快速的時候，此時因懷孕時子宮被胎兒撐得非常

大，一但生產，子宮成為真空狀態，內臟因不再受壓迫而變的非常鬆垮，若產後即常坐起或走動，因地心引力的關係，將造成鬆垮的子宮及內臟收縮不良，引起內臟下垂，而「內臟下垂」就可能是所有婦女病的根源，所以產後二週內，除了吃飯及上廁所之外，其餘時間，不論是白天或是晚上，均應臥床休息。

勤綁腹帶防止「內臟下垂」並「收縮腹部」

利用生產的機會來調整體型，或者改善身體上的一些症狀，是一個很重要的時機，所以很多人會在這段期間用紗布條綁腹，達到調整體型的目的！

坐月子期間必須特別注意防止「內臟下垂」，因內臟下垂可能為所有「婦女病」及「未老先衰」的根源，並會因此而產生小腹，故在坐月子期間須勤綁腹帶以收縮腹部並防止內臟下垂；而若原本即為內臟下垂體型者，亦可趁坐月子期間勤綁腹帶來改善。

所使用的腹帶為一條很長的白紗帶，長約九百五十公分，寬十四公分，每人須準備二條以便替換。因產後須熱補，容易流汗，若汗濕時應將腹帶拆開，並將腹部擦乾，再灑些不帶涼性的痱子粉後重新綁緊，若汗濕較嚴重時，則須更換乾淨的腹帶。又一般一片黏的束腹或束褲，不僅沒有防止內臟下垂的效果，反而有可能壓迫內臟令氣血不通暢，使內臟變形或產生脹氣而造成呼吸困難或下腹部突出的體型，請特別注意！

腹帶的綁法

一、尺寸：所使用的腹帶為透氣的白紗布，長約九百五十公分，寬十四公分。

二、用量：為產婦自己的功課，因為不穿衣褲（先綁好腹帶後再將內褲穿

上），平貼皮膚，容易汗濕，每人均需準備二條來替換。

三、功能：a防止內臟下垂（一般束腹不適用）。b收縮腹部，消肚子。

四、開始綁的時間：自然產——產後第二天；剖腹產——第六天（五天內用束腹）；小產——手術後第二天。

五、每日拆卸、重綁時間：三餐飯前須拆下、重新綁緊再吃飯；擦澡前拆下，擦澡後再綁上；產後二週二十四小時綁著，鬆了就重綁；第三週後可白天綁，晚上拆下。

六、清洗方式：用冷洗精清洗，再用清水過淨後晾乾即可，勿用洗衣機，因易皺。

七、腹帶的綁法及拆法：

A、仰臥、平躺，把雙膝豎起，腳底平放床上，膝蓋以上的大腿部分儘量與腹部成直角；臀部抬高，並於臀部下墊二個墊子。

B、兩手放在下腹部，手心向前，將內臟往「心臟」的方向按摩、抱高。

C、分二段式綁，從恥骨綁至肚臍，共綁十二圈，前七圈重疊纏繞，每繞一圈半要「斜折」一次（斜折即將腹帶的正面轉成反面，再繼續綁下去，斜折的部位為臀部兩側），後五圈每圈往上挪高二公分，螺旋狀的往上綁，最後蓋過肚臍後用安全別針固定並將帶頭塞入即可。

D、每次須綁足十二圈，若腹圍較大者須用三

腹帶寬約14公分，長度爲環繞腹部12圈較爲牢固。

腹帶綁法

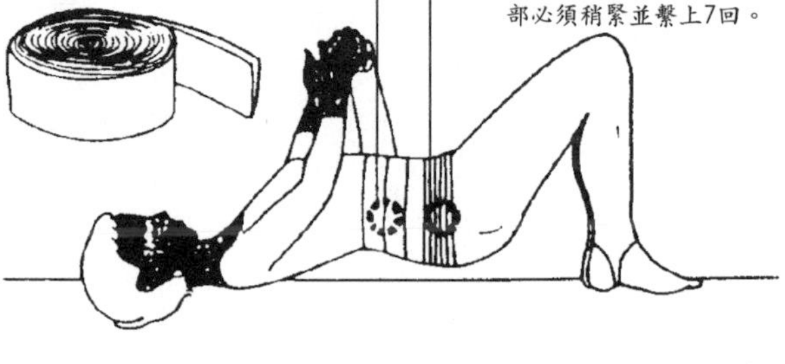

● 上方細綁5回，綁帶之間切勿過緊。
● 由下腹部開始繫綁，下腹部必須稍緊並繫上7回。

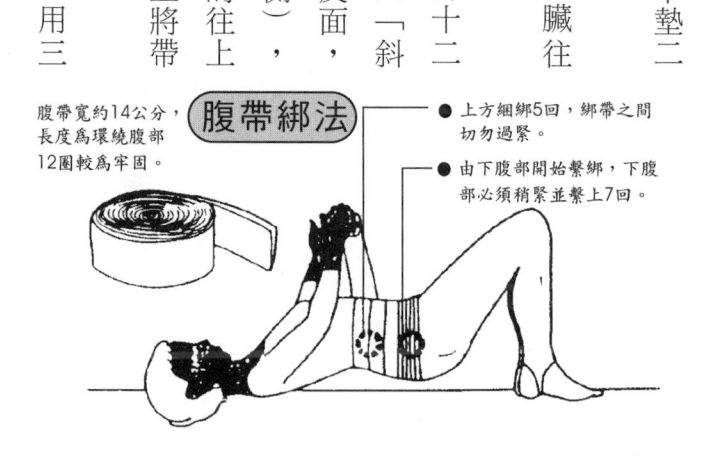

條腹帶接成二條來使用。

E、太瘦，髖骨突出，腹帶無法貼住肚皮者，須先墊上毛巾後再綁腹帶。

F、拆下時須一邊拆、一邊捲回實心圓統狀備用。

嚴禁洗頭，但需用正確的方法清潔頭皮

懷孕期間子宮增加的負擔是不可言喻的，單看之前與之後子宮的大小就知道，因此，在生產後要使子宮儘快恢復原狀。而要想子宮儘快的恢復功能，最重要的便是要將子宮內的污血完全排出，如果能使子宮成為真空狀態，則賀爾蒙的分泌將會特別活躍，子宮的功能亦會比懷孕前更好！

而洗頭，將會嚴重影響產後惡露的排除，只要頭皮一受涼，子宮裡的污血馬上會凝結成血塊不易排出，就算馬上吹乾也不允許，況且用吹風機來吹頭，

是很容易引起頭風及頭痛的。而子宮內的廢血若不清除乾淨，就很有可能會造成荷爾蒙不平衡以及內分泌不協調，進而產生許多併發的症狀，所以產後三十天須絕對遵守不要洗頭，以免後患無窮！

然而產婦的新陳代謝特別旺盛，所以必須用正確的方法來清潔頭皮，方法如下：

清潔頭皮法

將藥用酒精隔水溫熱，再以脫脂棉花沾濕，將頭髮分開，前後左右擦拭頭皮，稍用手按摩一下頭部後，再以梳子將髒物刷落，如此將會感到較清爽，此法可於飯前天天擦拭，或用軟梳梳理頭髮，好讓頭部氣血暢通，保持腦部清新。

二週內不可洗澡，但需用正確的方法擦澡

為了避免受涼，產後兩週內不可洗澡，但要用正確的方法擦澡，第三週起可淋浴，滿月後方可泡澡。

擦澡的方法

用燒開的水及「廣和坐月子水」各半，加入十西西的藥用酒精及十公克的鹽，摻和著成為擦澡水；用毛巾沾濕、扭乾，替產婦擦拭她的肚子及流汗的地方，早上、中午、晚上各一次，若冬天非常寒冷時，則一次就好。擦拭乾淨後還要抹上不帶涼性的痱子粉，肚子上如果綁上腹帶，腹帶也要適時的更換。

臉部的清潔與保養

洗臉及刷牙不需用藥用酒精及鹽巴，但需用溫熱的水，為預防頭風或頭痛，絕不能用冷水；另外，臉部的保養，可以使用適合自己的洗面乳及保養品。

局部的消毒

可以將茶水（即泡茶將茶葉濾掉的茶水）放入適量的鹽巴與藥用酒精混合使用，再用這樣的水來清洗陰部及肛門，有收斂的作用。

不可吹風，不論是熱風或冷風

產後全身的毛細孔，包括頭皮的毛細孔都是張開的，此時一吹到風，不論是熱風或冷風，毛細孔就會立刻收縮，很容易造成筋骨酸痛、頭痛、頭風，甚至感冒。

要有舒適的環境，室溫維持在攝氏25-28度

產婦要有舒適的環境，所以夏天太過炎熱、或者冬天太冷，均需開空調讓

室溫維持在攝氏25–28度之間，但卻要注意不可以吹到風！所以一定要想辦法將空調的風完全擋住，不可對著產婦吹，而且產婦須穿長褲、長袖、戴帽子、手套、圍巾，並且穿襪子來擋風！

不可碰冷水

產婦不可碰冷水，以防受涼或產生酸痛的現象，所以舉凡擦澡、洗臉、洗手、刷牙或產後第三週以後的沖澡，均需使用熱水。

不可抱小孩

產後最重要的工作無它，就是安心下來，盡情的吃和睡。此時全身的機能均在迅速的恢復中，所以當然不可提重物，更不可抱小孩，否則極易產生內臟下垂的體型。況且，新生的嬰兒，骨骼、內臟均尚未發育完全，最好還是儘量讓他睡覺，常抱他只會對他造成不良影響。

側躺餵奶

至於餵母奶時，也要側躺在床上，將嬰兒放於身側讓他吸奶，產婦可以斜靠，並在嬰兒及產婦的背面各放一個大枕頭支撐，但要注意不要堵住嬰兒的鼻子，以免窒息。

關於母奶

每一個女人於生產完後，一定都會分泌母奶，母奶的分泌應是很充足的，但若不給嬰兒吸食，就無法再分泌出來，即使嬰兒一次就全部吸光，母乳的供應仍是源源不絕，因為這是母體的本能。所以若不給嬰兒吃母奶，當然是很不好的。若是嬰兒的吃奶量很少，則應將每次剩下的母乳都充分擠掉，以刺激下

次乳房分泌足夠的乳量。

產婦若因故臨時不親自餵奶，也要把積存於乳房中的奶擠掉，母奶積存於乳房會使乳房產生硬塊或導致乳腺炎，最好在產後的六個月中都能充分的授乳，這是最順乎自然的育兒原則，不但能保護母親，而且可減少日後發生乳癌的機會。

如果奶水清淡或不足，不妨於產後第三週起補充花生豬腳；而為了要讓產後奶水快速分泌，可於產後第一時間施行「按電鈴」（刺激乳頭）的功課。

按電鈴（刺激乳頭）法

a　產後休息恢復後（剖腹產等麻藥退乾淨後）即開始每四個小時按一次電鈴（刺激乳頭），直至奶水沖出來為止。

b 刺激乳頭的方法有三種：

1 讓剛出生的嬰兒吸允。

2 使用吸奶器。

3 請新手爸爸協助以便控制吸力。

c 注意：每次每邊乳房不要超過十五分鐘，但要固定每四小時刺激一次乳頭，不要間斷，直至奶水沖出來源源不絕為止。

不可替小孩洗澡

前面強調月子期間不可抱小孩，相同的道理當然更不可以彎著腰來替小寶貝洗澡，如果無法做到，那麼產後腰酸背痛及手腳酸麻的現象必定會隨之而來，所以最好在產前就安排好小嬰兒的照顧，或者跟先生商量，產後由先生來幫小貝比洗澡，如此還能增進親子之間的感情呢！

不提重物，不爬樓梯

產後半年內均不可提太重的物品，以避免內臟下垂而導致腰酸背痛，而於月子期間爬樓梯更應禁止。

不可流淚

女性的老化從眼睛的疲勞開始，所以產後眼部的保養是非常重要的。產婦嚴禁流淚，俗云：「產婦一滴淚比十兩黃金還貴重」，所以傷感的事，如親朋好友亡故等不幸的事情，絕不能讓產婦知道，不能讓她流淚，做丈夫的也應該在此時扛起所有的責任，讓產婦能安心靜養。

產婦如果哭泣的話，眼睛會提早老化，有時會演變為眼睛酸痛、青光眼或白內障的起因。當然，產婦本人也要儘量努力使自己心情開朗，不要擔心雜事，要常常微笑，保持心情愉快。

不可看電視及書報雜誌

產婦應儘量少看電視及書報，如果一定要看，則每十五分鐘須讓眼睛休息十分鐘。最好能多聽聽輕柔的音樂，一方面讓眼睛充分的休息，一方面可調整情緒，消除神經緊張。

眼部按摩法

眼睛容易疲勞的產婦，可於三餐飯前及睡前將毛巾沾上熱水（可稍熱些），擰乾後以毛巾熱敷於眼部數分鐘，再施行眼部按摩。

眼部按摩法

a 閉上眼睛，張開雙肘，將雙手中指從鼻樑由下往上推放在額中間的髮際。

b 以拇指腹放在眉頭下凹處，用力壓、揉，但不能壓到眼珠。

c 兩中指仍維持往下壓在髮際，拇指漸向兩側按壓，直到眼尾上方。

進行眼睛指壓以躺臥最為理想，如果不方便，也可以坐在椅子上進行，壓揉眼睛時須咬緊牙根，收縮下巴，頸後要用力。如果眼睛疲勞，壓起來會有痛覺，但仍要繼續指壓，直到不痛為止。

坐月子飲食篇

坐月子飲食要訣

一、滴水不沾，以「米精露」或「廣和坐月子水」全程料理所有餐點

產婦只要喝下一滴水，就容易變成大肚子的女人！意思是說：水和其他飲料（尤其是冷飲），會對坐月子期間產婦的新陳代謝產生不良的作用，因為產後全身細胞呈現鬆弛狀態，此時若喝下過多的水分，質量重的水分子進入體內，水分子會擴散，便會破壞了產婦細胞收縮的本能而造成了「水桶肚」、「水桶腰」，並易造成「內臟下垂」的體型，我們再三強調，坐月子是改變女性一生健康最大的機會，千萬不要在這段時間因錯誤的飲食方式把體質拖壞了，肥胖事小，未來也容易罹患腰酸背痛、手足冰冷、黑斑皺紋、元氣不足、

神經痛等各種未老先衰的婦女病，那就得不償失了！所以坐月子期間所有的料理，包含飲料、蔬菜、藥膳，甚至薏仁飯，均應以「米精露」（米酒的精華露）或「廣和坐月子水」做全程的料理。

「廣和坐月子水」是以台灣最優質的蓬萊米釀成優質的米酒後，利用生物科技的萃取技術，將米酒濃縮萃取並提煉出「米酒精華露」，可幫助人體細胞吸收及代謝，不會破壞細胞收縮的本能，更不會對內臟造成負擔。其中更加入了廣和獨家天然的中藥成分，能夠幫助產婦促進代謝及調整體質。

「廣和月子餐外送服務」自2000年起全面使用「廣和坐月子水」料理所有餐點，在台灣已榮獲數十萬產婦的使用與肯定，包括眾多知名主播、藝人及各界知名人士，例如：年代新聞主播張雅琴、廖筱君、TVBS主播蘇宗怡、王雅麗、張恆芝、TVBS新聞中心副主任包傑生的夫人陳春菊，東森主播盧秀芳，

SETN周慧婷、李天怡、敖國珠，民視姚怡萱、鄒淑霞、中天吳中純，前民視主播羅貴玉；市議員何淑萍；知名藝人林葉亭、賈永婕、余皓然、金智娟、王彩樺、童愛玲；劉亮佐的夫人陳瑾、蘇炳憲的夫人趙世華、屈中恆的夫人童秀娟；商業週刊發行人金惟純的夫人高小晴、成豐婦產科院長林永豐的夫人連鳳珠；以及眾多金融界、教育界、律師、醫師…等使用「廣和坐月子水」來坐月子，都已獲得相當驚人的印證。「廣和」以不惜成本的時間和金錢來製作「廣和坐月子水」，始終以「服務心、關懷心」為宗旨，我們的用心，絕對讓您放心。

二、溫和的熱補

產前涼補，產後熱補，但要溫和的熱補。溫和的熱補有三大要領：

1 選用老薑爆透：

產婦所使用的薑須「爆透」（爆至薑的兩面均皺起來，但不可爆焦），否則

會太刺激且具「發」的特性，產婦吃了易造成上火、咳嗽等症狀。

2 選用慢火烘焙不易上火的黑麻油：

一般炒焦的芝麻所提煉出來的黑麻油，雖然很香，但是產婦吃了極易產生上火、躁熱……等現象，所以坐月子期間建議一律選擇由「廣和莊老師」所監製、慢火烘焙，且較不易上火的「莊老師胡麻油」。

3 使用無酒精成分的料理湯頭：

坐月子飲食第一大重點即需遵守「滴水不沾」的原則，所有的水分均應以由米酒所提煉出來的「米精露」作為產婦料理食物的湯頭，但米酒中所含的酒精，產婦食用後不僅會對身體造成傷害，所分泌出的乳汁，小貝比吸食後，也會影響腦部的發育。

「廣和坐月子水」是以生物科技的技術，提煉出米酒的精華並加入廣和獨家天然配方後在「無菌室」以真空負壓熱「充填」的技術包裝而成，完全不含酒精成分，是產婦最佳的坐月子料理高湯！

三、階段性的食補，嚴禁產後立刻大吃大喝

產後須按身體恢復的狀況來進補，第一週以排泄、排毒為主，第二週以收縮骨盆腔及子宮為主，第三週才開始真正進補，產後兩週內因身體內臟尚未收縮完全，疲勞亦未完全恢復，此時若吃下養分太高、太難消化的食物，身體是無法完全吸收這些養分的，過多的養分反而會造成「虛不受補」的現象（身體太虛弱，無法接受食物的養分），而虛不受補又分三種現象：

1 原本吸收力強、肥胖的媽媽，產後立刻進補就容易造成產後肥胖症。

2 原本瘦弱的媽媽，無法吸收食物的養分，易造成拉肚子，越拉越瘦。

3 過多的養分，產婦無法吸收，又無力代謝，就很有可能被體內賀爾蒙旺盛的

不正常的細胞所吸而產生生異狀，如子宮肌瘤、卵巢瘤、乳房纖維瘤或腦下垂體瘤。

坐月子食譜一覽表 ※【】內為素食食譜

第一週：代謝排毒週

排除體內的廢血（惡露）、廢水、廢氣及老廢物

1 坐月子湯（莊博士五味生化湯）：每日一碗。

2 麻油炒豬肝或莊博士藥膳肝【麻油素燉品或藥膳素燉品】（剖腹產及小產者，前三天改為四神豬肝湯【素四神湯】二碗另加一碗敗毒湯）：每日二碗。

3 甜糯米粥：每日二碗。

4 紅豆湯：每日二碗。

5 烏仔魚或黃花魚【素燉品】：每日一碗。

6 坐月子飲料（沖泡婦寶或解渴用）：每日二碗，約六百西西。

7 養肝湯：每日一碗。

8 血母痛（子宮凝血、痛者喝）：每日一碗、連續三日。

9 生麥芽汁（退奶者用）：每日一碗，連續三日（餵母奶者不用）。

11 薏仁飯：每日二碗（若吃不下請不必勉強）。

12 【素藥膳】：素食者每日燉湯一碗。

13 莊老師仙杜康：每餐食用二包，一日六包。

莊老師婦寶：每餐飯後食用一包，一日三包。

第二週：收縮內臟週

收縮子宮、骨盆腔

1 坐月子湯（莊博士五味生化湯）：每日一碗。
2 麻油炒豬腰或莊博士藥膳豬腰【麻油素燉品或藥膳素燉品】：每日二碗。
3 甜糯米粥：每日一碗。
4 紅豆湯：每日兩碗。
5 油飯【素油飯】：每日一碗。
6 烏仔魚或黃花魚【素燉品】：每日一碗。
7 坐月子飲料（沖泡婦寶或解渴用）：每日二碗，約六百西西。
8 養肝湯：每日一碗。
9 紅色蔬菜：紅蘿蔔、紅莧菜或紅菜：每日二碗。
10 藥膳：燉湯每日一碗。
11 薏仁飯：每日二碗（若吃不下請不必勉強）。

12 莊老師「養要康」：桑枝、白鶴靈芝…等濃縮錠，每日六錠。
13 莊老師仙杜康：每餐食用二包，一日六包。
14 莊老師婦寶：每餐飯後食用一包，一日三包。

第三週至滿月（小產及剖腹產者至四十天）：滋養進補週

補充營養、恢復體力

1 麻油雞、麻油燉品或莊博士藥膳雞【麻油素燉品或藥膳素燉品】：每日二碗。
2 甜糯米粥：每日一碗。
3 紅豆湯：每日一碗。
4 油飯【素油飯】：每日一碗。
5 魚類【素燉品】：一般魚類均可（剖腹產可吃鱸魚）：每日一碗。

6 坐月子飲料：每日二碗，約六百西西。

7 蔬菜：高麗菜+紅蘿蔔或菠菜、地瓜葉、川七、紅菜、紅莧菜、A菜：每日二碗。

8 水果：可選擇不帶酸性、水分較少的水果，例如：哈密瓜、木瓜、葡萄、香瓜、蓮霧、荔枝、龍眼……：每日二小碗。

9 藥膳：燉湯每日一碗（無花生豬腳【素黃金鴨】者用）。

10 薏仁飯：每日二碗（若吃不下請不必勉強）。

11 花生豬腳【素黃金鴨】（無奶水或奶水不足者食用）：每日一碗，連續三日。

12 莊老師仙杜康：每餐食用二包，一日六包。

13 莊老師婦寶：每餐飯後食用一包，一日三包。

坐月子餐點製作要領

料理方式

1 一律全部使用「廣和坐月子水」料理餐點。
2 所使用的薑為老薑，且於料理時必須先爆透（爆至薑的兩面均皺起來，但不可爆焦）。
3 所使用的麻油為慢火烘焙的「莊老師胡麻油」。

坐月子餐點製作法—第一週

坐月子湯（莊博士五味生化湯）

坐月子湯是產婦在新生兒一娩出時立刻要喝的「填腹」補品，不論是自然

產、剖腹產或是小產，在產後的十四天中，每天都要飲用坐月子湯。

坐月子湯以養血、活血、化瘀為主，所以普遍用於婦女產後補血、袪惡露；不僅可以活血補虛，更可以提高抗體力量，對子宮亦有收縮的作用。

※坐月子湯(莊博士五味生化湯)屬於藥，吃得過多反而會對子宮造成傷害，所以於產後連續服用十四天即可。

材料（一日份）：

當歸（全）八錢、川芎六錢、桃仁（去心）五分、烤老薑五分、炙草（蜜甘草）五分。

作法：

一、「廣和坐月子水」七百西西，加入藥料，慢火加蓋煮一小時左右，約剩二百西西，這是第一次，藥汁倒出、備用。

二、第二次再加入「廣和坐月子水」三百五十西西，和第一次煮法相同，約剩一百西西。

三、將第一次和第二次的藥汁加在一起共三百西西拌勻。

吃法：

一日內至少分三次，於三餐飯前，每次一百西西喝完，亦可放在保溫壺內，當茶喝，一次一口，分數次喝完。

麻油炒豬肝

產後第一個禮拜要多吃能化血（將子宮裡的污血溶化）的食物，子宮成為真空狀態，運作自然活潑，生理機能、內分泌、賀爾蒙也就恢復協調；相反的，子宮內的污血如果不能完全溶化，就有可能產生二種情況：

第一種情況是：

血塊未完全溶化，在通過子宮頸口時產生阻力而造成疼痛（因子宮頸口非常的細小），而產婦會發現排出大量的血塊，這種情形稱之為「子宮凝血」。

第二種情況比較嚴重：

子宮內殘留大量的血塊無法排出，日積月累就容易變質而產生異狀細胞，如：子宮癌等病變，所以在產後的最初七天要吃足量的麻油炒豬肝，利用豬肝能化血的特性，加上「麻油」及「坐月子水」『活血』的助力，可以有效的將子宮內的污血溶化並排出體外。期間，若能搭配廣和獨門「莊博士化血藥膳」來烹煮「藥膳豬肝」，化血效果將能更佳。

※挑選豬肝時，可用手指按壓下去，感覺軟軟厚厚有彈性的即為好吃的粉肝，如果壓下去硬硬乾乾的即為柴肝。

材料（一日份）：

豬肝五百至七百公克、帶皮老薑四十公克、莊老師胡麻油八十西西、廣和坐月子水六百西西。

做法：

1 豬肝洗淨，切成一公分厚度。

2 老薑刷乾淨，連皮一起切成薄片。

3 將麻油倒入鍋內，用大火燒熱。

4 放入老薑，轉小火，爆香至薑片的兩面均皺起來，成褐色，但不焦黑。

5 轉大火，放入豬肝快炒至豬肝變色。

6 加入廣和坐月子水煮開，馬上將火關上，趁熱吃。

吃法：

分成二碗，於產後第一週當成每日早、午餐的主食，可搭配莊老師仙杜康或薏仁飯來吃，不敢吃太油膩的人，可將浮在湯上的油撈起置於別的容器內，密封後放進冰箱保存，於產婦做完月子後炒菜、炒飯用。

四神豬肝湯

剖腹產及小產的婦女，請用四神豬肝湯作為產後前三天的主食，除了可以補充產婦所需的養分外，亦有補氣、利水及傷口較不易發炎的作用。

材料（一日份）：

新鮮山藥四兩，薏仁十兩，伏苓四錢，蓮子肉一兩，白果十顆，芡實三錢，豬肝二百公克，廣和坐月子水五百西西。

做法：

1 將藥材洗淨、瀝乾泡入廣和坐月子水八小時備用。
2 山藥切丁備用。
3 豬肝洗淨、切丁，川燙後備用。
4 將1加2隔水蒸一小時後加入3拌勻即可食用。

吃法：

分成二碗，於產後前三天當成每日早、午餐的主食，可搭配莊老師仙杜康或薏仁飯來吃。

敗毒湯

剖腹產及小產的婦女，產後前三日每日一帖，可以預防傷口發炎、化膿。

材料（一日份）：

金銀花四錢，天花粉四錢，川芎二錢，延胡索一錢半，白芷二錢半，土伏苓五錢，當歸二錢半，香附三錢，廣陳皮二錢半，生甘草一錢半，桔梗三錢，浙貝母四錢，廣和坐月子水九百西西。

做法：

1 廣和坐月子水六百西西，加入所有藥材，慢火加蓋煮一小時左右，約剩二百西西，這是第一次，將藥汁濾出備用。

2 煮過的藥渣，再加入三百西西的廣和坐月子水，和第一次煮法相同，約剩一百西西。

3 將第一次和第二次的藥汁加在一起共三百西西拌勻，一日內分二次喝完。

吃法：

於產後前三天，每日一帖，分二次喝完。

甜糯米粥

為了調整產婦腸子蠕動的功能，可於產後吃些以糯米調理的食物，因為糯米有「黏腸子」的功能，可以幫助產婦增加腸子的蠕動力，以提升下垂的腸胃或防止腸胃下垂，更有預防便秘的效果；若能再配合「莊老師仙杜康」一起食用，效果更佳。但是因糯米較難消化，一次不可吃太多，以免脹氣或消化不良！

材料（三日份）：

糯米一百五十公克、福圓肉一百公克、黑糖二百公克、廣和坐月子水二千西西。

做法：

1 將糯米與福圓肉放入廣和坐月子水中，加蓋泡八小時。

2 將已泡過的材料，以大火煮滾後改以小火加蓋煮一小時。

3 熄火，加入黑糖攪拌後即可食用。

吃法：

每日二碗，可當成每日早、午餐飯後的甜點。

紅豆湯

十個孕婦，約有八、九個到了懷孕末期都會產生水腫的現象，而產後就應將體內多餘的水份完全排出體外，否則水份殘留在體內，就會很快的轉化成脂肪（因為產婦的內臟非常的鬆垮、無力，多餘的水份很快就會滲透到內臟壁而代謝不出來，造成內臟膨脹，變大、變硬，就好像豬的腰子，在未灌水之前形狀是又軟又小，灌了水後馬上變成又大又硬）。而紅豆有強心利尿之效，為產婦必要吃的點心，但紅豆吃太多易產生脹氣，故每日以二碗為限。

材料（三日份）：

紅豆二百公克、黑糖一百五十公克、廣和坐月子水一千五百西西。

做法：

1 將紅豆放入廣和坐月子水中，加蓋泡八小時。

2 大火煮滾後轉中火繼續煮二十分鐘（須加蓋）。

3 熄火，加入黑糖攪拌後即可食用。

吃法：

每日二碗，可於早上十點及下午三點各吃一碗，甜度可隨個人的口未來增減，但若能接受的話，最好再稍甜一些較好。

魚湯

在飲食的調配上，可吃適量的魚類來補充養分，不過在產後二週內，因產婦的消化、吸收功能尚未完全恢復，暫時只能選擇溫和且肉質比較鬆軟的魚類，到了產後第三週以後，才開始攝取一般溫和的魚類，而剖腹產的人，也可以在產後第十五天開始補充鱸魚來補傷口。

材料（一日份）：

魚適量，約一百二十公克、帶皮老薑十五公克、莊老師胡麻油六十西西、

廣和坐月子水五百西西。

做法：

1 將魚洗淨，老薑刷乾淨，連皮一起切成薄片。

2 麻油倒入鍋內，用大火燒熱。

3 放入老薑，轉小火，爆香至薑片的兩面均皺起來，成褐色，但不焦黑。

4 轉大火，加入魚及廣和坐月子水煮開，轉小火，加蓋，再煮五分鐘後熄火，即可食。

吃法：

每日一碗，當成晚餐的主食，可搭配「莊老師仙杜康」或薏仁飯來吃，不敢吃太油膩的人，可將浮在湯上的油撈起

置於別的容器內，密封後放進冰箱保存，於產婦做完月子後炒菜、炒飯用。

坐月子飲料

水和其他飲料（尤其是冷飲）會對新陳代謝產生不良作用，尤其產後全身細胞呈現鬆弛的狀態，質量重的水分子進入體內，可能會使細胞無法復原而造成內臟下垂的體型。

我們再三強調，坐月子是改變女性一生健康最大的機會，千萬不要在這段時間因錯誤的飲食方式把體質拖壞了，肥胖事小，未來也容易罹患腰酸背痛、手足冰冷、黑斑皺紋、元氣不足、神經痛等各種未老先衰得婦女病，那就得不償失了！因此，產後須嚴格遵守「滴水不沾」的飲食原則，甚至是產婦解渴用的坐月子飲料，都應全部使用「廣和坐月子水」加入適量的山楂肉、荔枝殼或觀音串（可至中藥房購買）製作。

材料（十日份）：

山楂肉、荔枝殼或觀音串六百公克、黑砂糖適量、廣和坐月子水六千西西。

做法：

1 將山楂肉、荔枝殼或觀音串加入廣和坐月子水中。
2 大火，加蓋，滾後轉小火煮一小時。
3 將湯濾出，改以不加蓋的鍋子，大火繼續滾至五千西西。
4 放入黑砂糖攪拌均勻，冷卻後放入容器內冷藏。

吃法：

要喝時須加熱，一日量約為五百西西，少量多次，可用來沖泡婦寶或讓產婦解渴，其中材料山楂肉、荔枝殼、觀音串，可混和或單一選用，而山楂肉不僅有健胃、助消化、止煩渴的作用，並有化血及減重的效果，最適合產後婦女飲用。

養肝湯

為了要解除剖腹產麻醉針可能帶來的副作用，例如：脹氣、掉頭髮、失眠、記憶力減退、便秘…等症狀，應於產前一週，產後二週連續喝養肝湯來預防，有些人會臨時剖腹生產，為避免此一情況，不論自然產或是剖腹產者，均於預產期前一週即飲用養肝湯，如此便萬無一失了，而且自然產的人也可以喝養肝湯來保護肝臟、幫助肝臟解毒，並讓產後體力迅速恢復，唯產前一週用熱開水來蒸，產後須改以「廣和坐月子水」來製作。

材料（一日份）：

紅棗七顆、熱開水（產後改為滾熱的廣和坐月子水）二百八十西西。

做法：

1 紅棗洗淨，以刀劃出七條縱紋。

2 放在容器中，將熱開水（廣和坐月子水）沖下，加蓋泡八小時（夏天應放入冰箱保存）。

3 用蒸器蒸之。

4 等沸騰後再用文火蒸一小時。

5 將紅棗挑起，只取湯。

吃法：

一日量為二百八十西西，可分數次，當茶喝（產後須喝溫熱的）。

血母痛液

產後若有子宮凝血且肚子會痛的人，可服用血母痛液來改善。

材料（三日份）：

山楂肉六百公克、黑糖適量、廣和坐月子水一千西西。

做法：

1 將山楂肉與廣和坐月子水以大火煮開後，加蓋，改以小火燉二小時。
2 將湯濾出，改以不加蓋的鍋子，大火繼續滾至六百西西。
3 加入黑糖攪拌後熄火即可。

吃法：

一日量為二百西西，分數次，每次一小口，連續喝三日，可使凝血溶化。

生麥芽汁

如果實在無法餵母奶，就須服用生麥芽汁來退奶。

材料（三日份）：

生麥芽三百公克、黑糖適量、廣和坐月子水一千西西。

做法：

1 將生麥芽與廣和坐月子水以大火煮開後，加蓋，改以小火煮一小時。

2 將湯濾出，改以不加蓋的鍋子，大火繼續滾至六百西西。

3 加入黑糖攪拌後熄火即可。

吃法：

一日量為二百西西，分二次，於早、晚飯後各喝一百西西，連續喝三日。

薏仁飯

若吃不飽，可用薏仁加白米以廣和坐月子水煮成薏仁飯來吃，每日約二碗，若吃不下可不吃。

坐月子餐點製作法—第二週

麻油炒豬腰

產後第八至十四天，要吃麻油豬腰，把豬腰用麻油、老薑及廣和坐月子水煮好給產婦吃，有助於產婦的新陳代謝以及促進收縮骨盆腔與收縮子宮之作用(若能搭配廣和獨門「莊博士藥膳帖」來烹煮「藥膳豬腰」，可達加乘之效。

材料（一日份）：

豬腰子一副（即二個豬腰）、帶皮老薑四十公克、

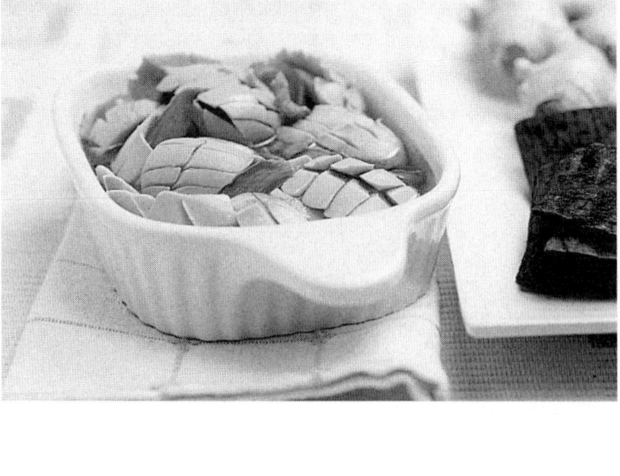

莊老師胡麻油八十西西、廣和坐月子水六百西西。

做法：

1 豬腰子洗淨後切開成兩半，把裡面的白色尿腺剔出。

2 將清理乾淨的豬腰子在表面斜切數條裂紋後，切成三公分寬的小片。

3 老薑刷乾淨，連皮一起切成薄片。

4 將麻油倒入鍋內，用大火燒。

5 放入老薑，轉小火，爆香至薑片的兩面均皺起來，成褐色，但不焦黑。

6 轉大火，放入豬腰片快炒至變色。

7 加入廣和坐月子水煮開，馬上將火關上，趁熱吃。

吃法：

分成二碗，於產後第二週當成每日早、午餐的主食，可搭配「莊老師仙杜康」或薏仁飯來吃，不敢吃太油膩的人，可將浮在湯上的油撈起置於別的容器內，密封後放進冰箱保存，於產婦做完月子後炒菜、炒飯用。

油飯

關於用糯米調理的食物，第二週起可吃些油飯。油飯能防止產婦內臟下垂，豬肉、香菇、蝦米的美味會滲入糯米，是相當好吃的炒飯，但糯米較難消化，一次不可吃太多，以免脹氣或消化不良；建議每日份量控制約在一至二碗之內。

材料（五日份）：

糯米三百公克、去柄香菇三十公克、紅蘿蔔三十公克、大蒜三十公克、五花肉一百六十公克、蝦米三十公克、帶皮老薑適量、莊老師胡麻油適量、廣和坐月子水一千西西。

做法：

1 糯米洗過後，置於濾水盆，濾乾水分。

2 將洗過的糯米加入冷的廣和坐月子水中泡八小時後瀝乾，泡過的水要另外置於容器內留下備用，不能倒掉，廣和坐月子水須蓋過糯米。

3 將去柄的香菇和蝦米泡進2中留下的泡水裏，泡軟後香菇切成粗絲。

4 帶皮老薑與五花肉及紅蘿蔔均切成粗絲。

5 鍋子加熱後放入四大匙莊老師胡麻油，將帶皮的老薑絲和大蒜片下鍋炒成淺褐色具香味。

6 加入蝦米、香菇、五花肉及紅蘿蔔，炒至香味出來即取出。

7 鍋內重新加熱，放入三大匙莊老師胡麻油使熱，糯米下鍋炒至有黏性時，再加入6中的材料一起炒。

8 將炒好的材料裝入蒸鍋內，並加入泡過蝦米及香菇的廣和坐月子水，份量須蓋過所有材料。

9 放入蒸籠（或電鍋）內，蒸熟即可食用。

吃法：

油飯每日吃一至二碗，可當成下午的點心。

蔬菜

第二週起，每日可吃些少量的蔬菜，但須選擇較溫和的蔬菜，並儘量以紅色的蔬菜為主，例如：紅蘿蔔或紅菜，到了第三週則一般溫和的蔬菜均可選擇。

做法：

將蔬菜洗淨，用適量的莊老師胡麻油及老薑快炒，再加些廣和坐月子水使之沸騰後煮爛即可食，每日的份量約為二小盤。

藥膳

產婦皆為氣、血兩虛，到了產後第二週，應該適時的請專業的中醫師調配補血、補氣、補筋骨的中藥，再用廣和坐月子水熬煮成中藥膳服用，但要注意，最好能夠依個人體質調配，並且不可使用藥性過強的藥膳，以免造成「虛不受補」的現象而產生反效用。

坐月子餐點製作法—第三、四週

麻油雞

經過第一週的「排泄」及第二週的「收縮」後，第三週起可開始吃培養產後體力最佳的調養品—「麻油雞」。麻油雞所用的材料，在生理學方面被證實對產後的身體有良好的作用，因此在產後月內一定要吃，若是時間及經濟上許可，可以吃到產後六個月，如此對促進母奶的排出和母體的健康以及嬰兒身體的健康（嬰兒經由吸允母乳而獲健康），都很有裨益。

材料（一日份）：

雞肉約半隻、帶皮老薑五十公克、莊老師胡麻油一百西西、廣和坐月子水八百西西。

做法：

1 雞肉洗淨，切成塊狀。

2 老薑刷乾淨，連皮一起切成薄片。

3 將麻油倒入鍋內，用大火燒熱。

4 放入老薑，轉小火，爆香至薑片的兩面均皺起來，成褐色，但不焦黑。

5 轉大火，將切塊的雞肉放入鍋中炒，直到雞肉約七分熟。

6 將已備好的「廣和坐月子水」由鍋的四周往中間淋，全部倒入後，蓋鍋煮，滾後即轉為小火，再煮上十五至二十分鐘即可。

吃法：

分成二碗，於產後第三週當成每日早、午餐的主食，可搭配「莊老師仙杜康」或薏仁飯來吃，不敢吃太油膩的人，可將浮在湯上的油撈起置於別的容器內，密封後放進冰箱保存，於產婦做完月子後炒菜、炒飯用。

花生豬腳

到了產後第三週，如果奶水不足或是奶水比較清淡的人，可以適量的食用花生豬腳來補充奶源。

材料（三日份）：

花生（未調味的、自己煮、去膜去芽）一百二十公克、蝦（無調味、新鮮帶殼的蝦）一百二十公克、豬腳約五百公克、帶皮老薑適量、去柄香菇十五公克、莊老師胡麻油八十西西、廣和坐月子水一千五百西西。

做法：

1 香菇要泡在十倍量的坐月子水中泡軟、切絲待用。
2 花生放入水中滾開，稍涼趁熱將膜去掉剝成兩半，取掉胚芽。
3 麻油加熱後，放入老薑爆透。
4 將豬腳放入鍋內炒至外皮變色為止。
5 放入花生炒一會兒，再把豬腳和老薑放進，最後加香菇、蝦及坐月子水。
6 加蓋燒滾後，裝入燉鍋慢燉八約小時。

吃法：

可於吃飯時當做菜吃，但儘量於早、中餐時吃，可連續吃三天，若奶源仍不充足，則再補充三天，直至奶源充足為止。

每階段食譜及功效

第一週：排除體內的廢血（惡露），廢水、廢氣及老廢物

1 麻油（藥膳）豬肝：破血，將子宮內的血塊打散以利排出。

2 烏仔魚或黃花魚：肉質鬆軟，易吸收，烏仔魚並有破血之效。

3 坐月子湯（莊博士五味生化湯）：活血化瘀，排除惡露，收縮子宮。

4 養肝湯（神奇茶）：幫助肝臟解毒，剖腹產者可解麻藥的毒性。

5 紅豆湯：強心利尿，讓體內的廢水從正常管道（排尿）排出；紅豆吃多易脹氣，故每日須控制在二碗以內。

6 糯米粥：糯米帶有黏性，能適度的刺激腸子，助其恢復蠕動力並能防止內臟下垂，但糯米不易消化，故每日須控制在二碗以內。

7 飲料：解渴、沖泡婦寶用。

8 莊老師仙杜康：促進新陳代謝，幫助維持消化道機能，使排便順暢。

9 莊老師婦寶：含豐富的鈣、鐵質，是女性生理期、坐月子、流產、更年期以及閉經後用以調整體質、增強體力，滋補強身的天然營養補充好選擇。

10 血母痛：子宮凝血，有大量血塊，會痛者化血用，一般產婦不用。

11 生麥芽汁：退奶者用。

12 四神湯：剖腹產及小產者，前三天補氣用。

13 敗毒湯：剖腹產及小產者，前三天消炎，預防傷口發炎化膿用。

第二週：收縮子宮、骨盆腔

1 麻油（藥膳）豬腰：收縮子宮、骨盆腔。

2 油飯：同糯米粥。

3 紅色蔬菜：防止便秘及補血。

4 藥膳：補血、補氣、補筋骨，須分體質進補且不可太強（須稀釋）。

5 莊老師養要康：防止腰酸、腰痛。

6 薏仁飯：澱粉質少又可利水。

第三週至滿月：補充營養、恢復體力

1 麻油雞：補充蛋白質，肉質較易消化，利於產婦消化吸收。

2 黑色、紅色的魚類：補充養分、剖腹產者可吃鱸魚補傷口。

3 蔬菜：提供纖維質、促進消化。

4 水果：中和燥熱的體質，幫助消化，防止便秘。

5 花生豬腳：促進乳汁分泌，無奶水或奶水不足者食。

素食者主食配料

1 香菇：促進代謝、防癌。

2 蓮子：整腸、排毒。

3 紅棗：幫助肝臟解毒。

4 枸杞：明目、清肝。

5 山藥：補充蛋白質。

坐月子餐點食用法一覽表

時間＼日期	第一週 1~7天	第二週 8~14天	第三週~第四週 15~30 或 40天
早上空腹	坐月子湯(生化湯)一碗分早中晚飯前各喝1/3(約100cc) 飯前仙杜康2包(自購產品)	坐月子湯(生化湯)一碗分早中晚飯前各喝1/3(約100cc) 飯前仙杜康2包(自購產品)	飯前仙杜康2包(自購產品)
早餐	**【主力補品】**：一碗(肝或素料) **【精緻點心】**：一碗（糯米粥或廣和甜品) **【元氣主食】**：各式飯類一碗 **【發奶補品】**：發奶藥膳一碗(有需要通知才出，分2~3次飲用) **【活力素菜】**：一碗，只提供在素食餐點	**【主力補品】**：一碗(腰或素料) **【新鮮食蔬】**：一碗 **【油飯(素油飯)】**：一碗 **【元氣主食】**：各式飯類一碗 **【發奶補品】**：發奶藥膳一碗(有需要通知才出，分2~3次飲用) **【養要康】**：飯後2粒 **【活力素菜】**：一碗，只提供在素食餐點	**【主力補品】**：一碗(雞湯或素料) **【新鮮食蔬】**：一碗 **【元氣主食】**：各式飯類一碗 **【發奶補品】**：一碗（花生豬腳或青木瓜燉排骨或素黃金鴨）(有需要通知才出) **【水果適量】** **【活力素菜】**：一碗，只提供在素食餐點
	餐後婦寶1包(自購產品)	餐後婦寶1包(自購產品)	餐後婦寶1包(自購產品)
早上點心	**【精緻點心】**：一碗（紅豆湯或廣和甜品)	**【精緻點心】**：一碗（紅豆湯或廣和甜品)	**【精緻點心】**：一碗（紅豆湯或廣和甜品)
中午空腹	坐月子湯(生化湯)一碗分早中晚飯前各喝1/3(約100cc) 飯前仙杜康2包(自購產品)	坐月子湯(生化湯)一碗分早中晚飯前各喝1/3(約100cc) 飯前仙杜康2包(自購產品)	飯前仙杜康2包(自購產品)
中餐	**【主力補品】**：一碗(肝或素料) **【元氣主食】**：各式飯類一碗 **【活力素菜】**：一碗，只提供在素食餐點	**【主力補品】**：一碗(腰或素料) **【新鮮食蔬】**：一碗 **【元氣主食】**：各式飯類一碗 **【養要康】**：飯後2粒 **【活力素菜】**：一碗，只提供在素食餐點	**【主力補品】**：一碗(雞湯或素料) **【新鮮食蔬】**：一碗 **【元氣主食】**：各式飯類一碗 **【水果適量】** **【活力素菜】**：一碗，只提供在素食餐點
	餐後婦寶1包(自購產品)	餐後婦寶1包(自購產品)	餐後婦寶1包(自購產品)
下午點心	**【精緻點心】**：一碗（糯米粥或廣和甜品)	**【精緻點心】**：一碗（糯米粥或廣和甜品)	**【精緻點心】**：一碗（糯米粥或廣和甜品)
晚上空腹	坐月子湯(生化湯)一碗分早中晚飯前各喝1/3(約100cc) 飯前仙杜康2包(自購產品)	坐月子湯(生化湯)一碗分早中晚飯前各喝1/3(約100cc) 飯前仙杜康2包(自購產品)	飯前仙杜康2包(自購產品)
晚餐	**【養生燉品】**：一碗（魚湯或素燉品) **【敗 毒 湯】**：剖腹、小產前三天一碗 **【活力素菜】**：一碗，只提供在素食餐點	**【養生燉品】**：一碗 （魚湯或素燉品) **【藥膳湯】**：一碗，只提供 在葷食餐點 **【養要康】**：飯後2粒 **【活力素菜】**：一碗，只提供在素食餐點	**【養生燉品】**：一碗（魚湯、排骨、豬肚或素燉品) **【藥膳湯】**：一碗，只提供 在葷食餐點 **【油飯(素油飯)】**：一碗 **【活力素菜】**：一碗，只提供在素食餐點
	餐後婦寶1包(自購產品)	餐後婦寶1包(自購產品)	餐後婦寶1包(自購產品)
晚餐點心	**【精緻點心】**：一碗（紅豆湯或廣和甜品)	**【精緻點心】**：一碗（紅豆湯或廣和甜品)	
飲品	**【養 肝 湯】**：一日內分次喝完，每次一小口含入口中，與口內溫度相同再吞下。 **【草本飲品】**：解渴用。飲料於一日分次喝完，每次一小口含入口中，與口內溫度相同再吞下，(室溫或溫熱喝均可)，**坐月子期間須代謝多餘水份，飲料建議以適量為宜**(口渴當水喝，亦可配藥等)。 **【敗 毒 湯】**：剖腹生產、小產、子宮手術者，術後前三天服用，預防傷口發炎、生膿。		

附錄

內臟下垂體型體質改善法

一、日常生活

1 綁「腹帶」（將內臟「托」回原位、並「保溫」腹部）。
2 力行「飯前按摩」（參考防癌宇宙操VCD）。
3 用「三段式入浴法」洗澡。
4 注意「足部」保暖。
5 每天做「宇宙操」（參考防癌宇宙操VCD）

二、飲食生活

1 宜採取「少量多次」的方式來「進食」、「飲水」。

2 「忌食」酸性、生冷、寒性、及「水份多」的食物；「多攝取」刺激性的、脂肪多的魚、肉類和甜的東西。

3 「水份」須嚴格控制：

A 一日攝取水的份量—體重每一公斤一日只能攝取十五西西的水份。（注意：此份量包括喝湯、飲料、果汁、炒菜的湯汁、以及吃水果時所攝取的水份在內）

B 每一次喝水的份量—每次喝水，以一百西西為限。

C 喝水的方式及時間—應以小口、小口的方式慢慢的喝，且每次攝取水份，須間隔四十分鐘以上。

三、莊老師「仙杜康」及「仕女寶」體質改善法

1 仙杜康：以仙杜康當做主食或當飯吃，每日食用三至六包至少連續食用三個月，並配合做生活上的改善，以期能夠完全的改善的體質。

2 利用「仙杜康」施行「消除便秘方」來改善因「腸子無力」而引起的便秘。

3 每月生理期開始的第一天連續服用「仕女寶」五日，並以正確的生活方式來渡過生理日，以期有效的來調節內分泌及賀爾蒙。

四、應避免事項

1 不提重物。

2 禁止「暴飲暴食」。

3 避免「長時間站立」。

4 不吃宵夜。

5 不站著吃東西或喝水。

鼻子過敏、扁桃炎、氣喘等上呼吸器官弱者之對策

A、飲食改善

1 嚴禁飲用「陰陽水」。

2 不可「吃飽睡」。

3 要均衡飲食不可偏食。

方法：將各種蔬菜、魚類、肉類、蛋類切碎，混於米飯中，做成「菜飯」，但蔬菜要是其他食物的二倍；正餐以外禁止零食。

4 要「單味飲食」，甜、鹹不要混合吃，避免吃醬油滷的食物。

5 不吃竹筍、金針等食物。

6 烤焦的食物（如烤麵包、烤魚、烤肉）、辛辣刺激類、含防腐劑（如肉鬆、香腸、漢堡）的食物均不可吃。

B、生活及運動改善法

1 做宇宙操：一定要去戶外，接受大自然給我們的無限力量，走路要按正確的方法；抬頭挺胸，縮小腹，大腿內側用力，走一直線，手貼臀部，用力向後擺振，自然往前（前三後四），每天早晨利用三〇～四〇分鐘，至戶外散步，可赤腳踩草地，樹根，並做宇宙操（可參考VCD）。

2 合掌法：每日早晨一醒來，尚未活動前，須先做合掌法。

3 肩胛骨按摩：每晚睡前須做肩胛骨按摩，徹底將肩胛骨兩側、脊椎骨兩側以及腋下淋巴腺的疲勞消除後，才可睡覺。

4 米酒浸足：可於睡前用米酒、薑汁浸足，將全身氣血打通，並將疲勞消除除（第一個月請連續做十天，第二個月以後，每個月連續泡五

天，請持續一年）。

C、保健食品的吃法

1 「莊老師喜寶」用以強化上呼吸器官抵抗力。（一日量）每日3粒，於三餐飯前各服一粒。

2 「仙杜康」用以調整腸胃，幫助消化。（一日量）每日食用六至九包的仙杜康，分三次於飯前直接服用。

廣和月子餐宅配服務

『廣和月子餐宅配服務』是將產婦一天所需要的飲食內容，包括主食、點心、蔬菜、飲料、以及藥膳，全部按莊淑旂博士獨創、有效的坐月子理論，並以專業的方式，全程使用「廣和坐月子水」調理好餐點，每天由專人配送到產婦家中、醫院或坐月子中心，一天一次，全年無休，讓產婦輕輕鬆鬆就能正確的做好月子。

一、方法：

完全依照莊淑旂博士的理論調配專業套餐，一日五餐，不論您在醫院、坐月子中心或家中，每天配送一次，全年無休。

二、價格：

一日2300元（含運費、材料費及工本費，但不含仙杜康及婦寶），一次訂滿卅天（自然產者）優惠價62000元（省7000元！），一次訂滿四十天者（剖腹產及小產）優惠價82000元（省10000元！）。

廣和集團簡介

廣和集團源於享譽中、日的防癌之母莊淑旂博士。經營宗旨是增進全民健康。

莊博士推廣全民健康自我管理及防癌宇宙操四十多年，她的防癌宇宙操、養胎及坐月子的方法、醫食同源的飲食理論，一直被廣為流傳。

莊博士不僅自己全心投入健康事業，莊博士的外孫女章惠如老師與孫女婿賴駿杰，也都潛心在不同的健康事業領域中。

章惠如老師是莊博士的外孫女，長期協助外婆推廣全民健康自我保健的概念。章惠如老師生下雙胞胎並親身體驗了莊淑旂博士獨特有效的養胎與坐月子的方法，得到了驚人的效果，同時也積累了寶貴的親身體會的經驗。由於章老師的體質得到了很大程度的改善，告別了產後肥胖症，因此將整套完整的獨門料理，首創推出「廣和坐月子料理外送服務」，多年來得到了台灣各界人士的熱烈好評。

1996年起，廣和正式在台灣北區展開服務，到1999年時，已經在全台建立了服務網絡。2001年開始走向企業化、制度化的經營，在北、中、南的重要城市都設置了中央廚房。每個中央廚房皆有完善的設備及清潔舒適的環境，而每一位料理師傅都經過了總公司專業的訓練，全程皆以廣和獨創的「廣和坐月子水」來料理餐點，讓消費者吃得安心又健康。目前台灣各中央廚房皆擁有完整的專業料理師與送餐車隊，為所有產婦提供最專業快速的服務。莊淑旂博士的坐月子飲食理論，已經被台灣各界知名人士所接受並採用。其中包括知名主播敖國珠、張雅琴、李晶玉、廖筱君、林靖芬、詹怡宜、許晶晶、盧秀芳、李天怡……等多位新聞主播、民意代表、知名主持人與藝人，在採用了廣和坐月子飲食及服務後，都能夠在產後順利恢復體質及體型。

2003年起，廣和集團開始進行全球網絡的建設，在上半年的時間，已成功地進入了北美洲市場，在美國洛杉磯順利完成了廣和健康管理機構的開設與推廣。在四月份，章惠如老師親自赴美國洛杉磯舉辦多場大型媽媽教室講座，並接受了當地各種媒體的專訪，包括美國有線電視KSCI晚間新聞專題訪問《養胎及坐月子方法》。洛杉磯Channel 18《TEA TIME》節目專訪《婦女保健及坐月子方法》以及其他平面媒體，皆進行了深入的報導。

2003年下半年裡，廣和除了繼續推動北美洲市場的開拓外，更積極地拓展了中國大陸市場。

2007年11月起，廣和集團在台北市北投區、台中市北屯區、高雄縣鳳山市創立了企業總部，總部均有完善的中央廚房設備及門禁控管森嚴的行政管理大樓，務求透過最完善的設施和制度，以及最貼心的服務，讓女人的幸福從這裡延伸。

展望未來，廣和集團將不斷地努力拓展全球各地市場，還將推出其他的養生餐點，繼續更好的服務予全球客戶。讓全世界的產婦都能運用莊淑旂博士的坐月子養生理論，在恢復身體體質的同時，也能恢復產前的體型。廣和的遠景目標是將廣和建設成為全球最專業的坐月子料理食品集團。讓所有的婦女都能生出健康、生出美麗。

廣和坐月子水

產婦只要喝下一滴水，就容易變成大肚子的女人！意思是說：一般的水和其他飲料（尤其是冷飲），會對坐月子期間產婦的新陳代謝產生不良的作用，因為產後全身細胞呈現鬆弛狀態，此時若喝下過多的水分，質量重的水分子進入體內，水分子會擴散，便會破壞了產婦細胞收縮的本能而造成了「水桶腰」、「水桶肚」，並極易造成「內臟下垂」的體型，讓身體機能無法順利恢復！

「廣和坐月子料理宅配服務」成立二十年以來，一直使用「獨家天然配方」搭配米酒精華露（米酒高科技濃縮萃取的精華液），第一家研發坐月子期間烹調食物的濃汁，將食物的營養成分充分引出，因此使得「廣和坐月子料理外送服務」口碑廣佈。

「廣和」以服務客戶的實際經驗與了解，不斷的精益求精，耗費六年的時間與經費，結合數位專家學者的研究，並動用生物科技公司專業人才以專業的生產設備製造出比米酒更好的「廣和坐月子水」；製造過程以台灣最優質的蓬萊米釀成優質的米酒之後利用生物科技的萃取技術，將米酒濃縮萃取並提煉出「米酒的精華露」(不含酒精成份)，可幫助人體細胞吸收及代謝，不會破壞細胞收縮的本能，更不會對內臟造成負擔！其中更加入了廣和獨家天然的中藥成分，能夠幫助產婦調整體質，最後在經過四道滅菌手續後，在「無菌室」以「真空負壓熱充填」的技術包裝而成，絕不添加防腐劑！在自動標準化的生產作業下，每一瓶月子水都有出廠的「身分證號碼」，品質絕佳，值得信賴！

眾多名人的使用 廣大消費者的肯定

『廣和月子餐外送服務』自2000年起全面使用『廣和坐月子水』料理A級餐點，在台灣已榮獲數十萬產婦的使用與肯定，包括眾多知名主播、藝人及各界

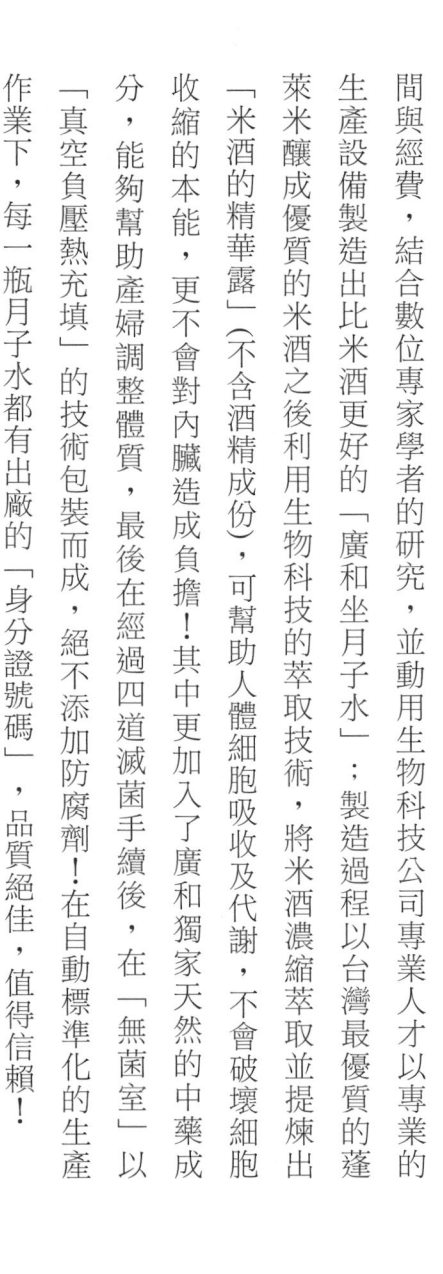

知名人士，例如：知名主播敖國珠、張雅琴、李晶玉、廖筱君、林靖芬、詹怡宜、許晶晶、盧秀芳、李天怡⋯⋯等多位新聞主播；市議員何淑萍，知名藝人季芹、郁芳、胡佩蓮、張秀卿、何妤玟、林葉亭、賈永婕、佘皓然、金智娟、王彩樺、童愛玲；劉亮佐的夫人陳瑾、蘇炳憲的夫人趙世華；商業週刊發行人金惟純的夫人高小晴、成豐婦產科院長林永豐的夫人連鳳珠以及眾多金融界、教育界、律師、醫師⋯⋯等使用「廣和坐月子水」來坐月子，都已獲得相當驚人的印證。『廣和』以不惜成本的時間和金錢來製作『廣和坐月子水』，始終以『服務心、關懷心』為宗旨，我們的用心，絕對讓您放心。

生理期聖品──莊老師仕女寶

「莊老師仕女寶」是專為生理期的婦女設計雙效合一的天然養生保健食品，內含婦寶十五包及養要康十五包，為生理期五日量，為了方便上班族的女性使用，特別將內包裝設計為長條狀以方便攜帶及服用，可以調節生理機能及養顏美容，是生理期女性必備的天然養生食品。

A【莊老師婦寶】：以特殊栽培、細心管理的薏苡種實為主要原料，配合高品質的珍珠粉、米胚芽萃取物（谷維素：r-Oryzanol）、大豆萃取物、小麥胚芽粉末（維生素E）以及蛋殼萃取物、特級山楂、精選山藥、薑……等精心製造的天然食品，並特別添加琉璃苣油粉末（Borage），一般人適用，尤其推薦有生理痛、生理不順的婦女，於生理期間服用。

B【莊老師養要康】：以桑枝為主要原料，配合高品質的白鶴靈芝、天然甲殼

素、鯊魚軟骨粉末⋯⋯等精心製造的天然食品，一般人適用，尤其推薦生理期的婦女與常感腰酸者使用。

孕婦養胎聖品──莊老師喜寶

『莊老師喜寶』是廣和集團經過多年潛心研製，並得到眾多消費者認可的孕婦理想保胎食品。內含冬蟲夏草菌絲體、水解珍珠粉鈣、孢子型乳酸菌等天然成分；無論是懷孕或是產後，這段期間的婦女除了需要充分的休息來補充精神，更需要考慮胎（嬰）兒來自母親的養分所須。『莊老師喜寶』的天然成分含有豐富的鈣質及蛋白質，特別適合孕婦以及胎兒對鈣質的吸收，對於更年期的婦女朋友，『莊老師喜寶』也能提供所須的營養補給。

附註：

1 『莊老師喜寶』於婦女懷孕期間每日三粒，飯前各服一粒。產婦及更年期婦女每日早晚各服兩粒。

2 『莊老師喜寶』採膠囊包裝，為純天然的食品，每盒九十粒，對膠囊不適者

可拔除膠囊服用，婦女於懷孕期間須連續服用十盒，以補充媽媽、寶寶流失與不足的鈣質及養分。

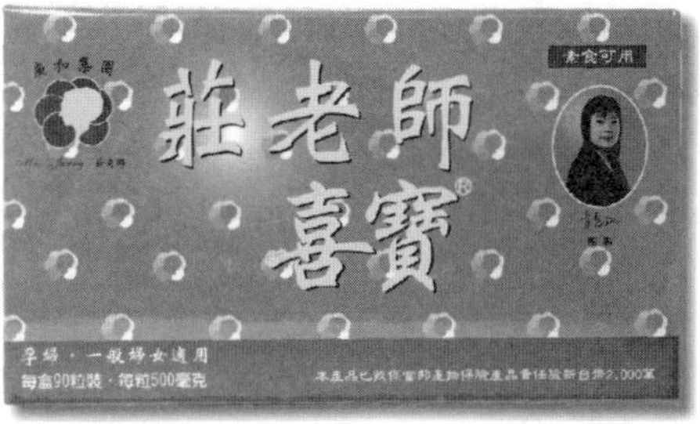

嬰幼兒聖品——莊老師幼儿寶

「莊老師幼儿寶」是專為嬰、幼兒設計的天然養生保健食品，內含珍貴的冬蟲夏草菌絲體、珍珠粉並輔之以乳鐵蛋白、孢子型乳酸菌、牛奶鈣、綜合酵素及果寡糖等多種營養成分，經過科學配製，精心製造而成的天然食品。能幫助幼童促進新陳代謝、維持消化道機能，使養分充分吸收，並能補充天然鈣質，幫助牙齒及骨骼正常發育，是嬰、幼兒必備的天然養生食品。

附註：

適用對象：四個月以上的嬰兒及一般幼童。

食用方法：一歲以下的嬰兒，每日一包；滿週歲以上的幼童，每日二包，於早、晚飯前服用。

產品規格：每盒六十包、每包五公克，粉末狀，添加天然的草莓口味，為純天然的食品。

阡阡的話

我是大章老師章惠如的寶貝女兒『阡阡』，民國八十六年出生的時候，體重3850公克，是個健康寶寶，後來爸B、媽咪把時間都放在照顧坐月子的阿姨身上，於是我開始變的不喜歡吃東西，而且抵抗力變的好差，只要天氣一變化，就會感冒，讓爸B跟媽咪又擔心、又心疼。

還好，我最親愛的爸爸、媽媽特地為我調製了『莊老師幼儿寶』，是我最喜歡的草莓口味，我超愛吃的！每天早、晚吃飯前都會先吃一包；現在，我已經恢復了『健康寶寶』的模樣，而且有好多、好多的叔叔跟阿姨都誇讚我臉色變的好紅潤、皮膚也變的好漂亮！

更讓爸B跟媽咪高興的是：我不會感冒了！健保卡不再蓋的密密麻麻，自從換了IC健保卡後，我也從來沒有使用過呦！我想，我一定要把這個好消息趕快告訴我的同學跟好朋友，我希望每個小朋友都能跟我一樣健康、快樂！

坐月子聖品—莊老師仙杜康

『莊老師仙杜康』是以新鮮糙薏仁為主要原料，配合珍貴的冬蟲夏草菌絲體、孢子型乳酸菌、蔬果纖維和甘草、山楂等多種營養成分，經過科學配製，精心製造的天然食品。能促進新陳代謝、減輕疲勞和養顏美容，一般人適用，尤其推薦產後婦女坐月子食用。婦女產後內臟鬆垮且往下墜，坐月子期間內臟有回復原位的本能，服用『莊老師仙杜康』來幫助維持消化道機能，使排便順暢，並且以正確的坐月子方法調養，讓您對回復產前身材更有信心！

附註：

1 『莊老師仙杜康』是產婦專用的養生食品，男女老幼也適用，但孕婦及準備在一個月內懷孕的婦女禁用。

2 『莊老師仙杜康』每盒二十八包，自然生產三十天須服用六盒，剖腹生產及小產四十天須服用八盒。

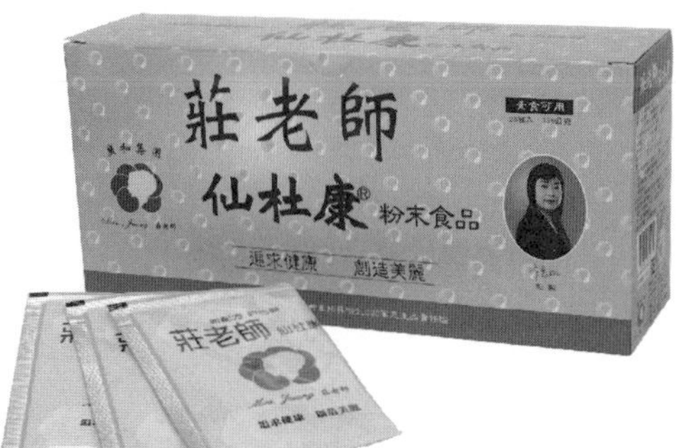

坐月子聖品——莊老師婦寶

『莊老師婦寶』是以特殊栽培、細心管理的薏苡種實為主要原料，配合以高品質的珍珠粉、特級山楂、乾薑以及精選的山藥、米胚芽萃取物（谷維素）、大豆萃取物（大豆異黃酮）、小麥胚芽粉末（維生素E）和蛋殼萃取物等精心製造的天然食品。產婦在坐月子期間，因賀爾蒙失調，容易造成形神憔悴、皮膚粗造、皺紋、黑斑等症狀；『莊老師婦寶』的天然成分中含有豐富的鈣、鐵質，是女性生理期、坐月子、流產、更年期以及閉經後用以增強體力、滋補強身的營養補充好選擇。

附註：

1 『莊老師婦寶』具有破血性，孕婦、胃出血、十二指腸出血、重感冒、發高燒時請勿服用。

2 『莊老師婦寶』每盒二十一包（七日份），自然生產三十天須服用四盒，剖腹生產及小產四十天須服用六盒。

坐月子聖品莊老師──養要康

『莊老師養要康』為高科技濃縮錠，系由桑枝濃縮萃取再加上白鶴靈芝、天然甲殼素、鯊魚軟骨萃取粉末等天然材料所製成，不但適合坐月子及生理期使用，亦可用於平日之身體保健之用。

附註：

1 『莊老師養要康』坐月子、生理期及常感腰酸者均適用。

2 『莊老師養要康』每盒四罐，每罐四十二錠，坐月子、生理期或一般保養者，每日六錠，於三餐飯後各服二錠，連續服用一──三盒。

廣和仕女餐外送服務—生理期專業套餐

◎ 服務方法與價格

一、方法：

完全依照廣和莊老師的方式並按前述之「生理期小月子食譜」內容料理，於生理期間每天配送一次，連續五日，早上九點前送達，全年無休。

二、價格：

原價8,000元（餐費1,200元/日；莊老師仕女寶2,000元/盒），仕女五日餐優惠價6,600元（含運費、材料費、工本費及莊老師仕女寶一盒），一次訂購六期（30天）特惠價36,000元（再省3,600元！），本訂價全省統一不二價。

◎ 料理方式

1 全程使用『廣和小月子水』料理。
2 麻油使用慢火烘焙的「莊老師胡麻油」。
3 一律使用老薑爆透（爆至兩面均皺，但不可爆焦）料理。

◎廣和仕女餐食譜　＊（）內為素食食譜

第一～二天：排除體內的廢血、廢水、廢氣及老廢物

1 生化湯：一碗
2 麻油炒豬肝（素豆包）：二碗
3 油飯（素油飯）：二碗
4 紅豆湯：一碗
5 魚湯（素燉品）：一碗

6 莊老師仕女寶-婦　寶（生理期專用）：每餐飯後食用一包，一日三包

7 莊老師仕女寶-養要康（生理期專用）：每餐飯後食用一包，一日三包

第三—四天：收縮子宮、骨盆腔

1 麻油炒豬腰（素腰花）：二碗

2 甜糯米粥：一碗

3 油飯（素油飯）：一碗

4 魚湯（素燉品）：一碗

5 藥膳（湯）：一碗

6 莊老師仕女寶-婦　寶（生理期專用）：每餐飯後食用一包，一日三包

7 莊老師仕女寶-養要康（生理期專用）：每餐飯後食用一包，一日三包

第五天：補充營養、恢復體力

1 麻油雞（素烏骨雞）：二碗

2 甜糯米粥：一碗

3 油飯（素油飯）：一碗

4 魚湯（素燉品）：一碗

5 藥膳（湯）：一碗

6 莊老師仕女寶-婦　寶（生理期專用）：每餐飯後食用一包，一日三包

7 莊老師仕女寶-養要康（生理期專用）：每餐飯後食用一包，一日三包

廣和 優良叢書精華介紹

Mrs. Juang 莊老師

孕、產婦健康系列叢書

從養胎到坐月子

詳細闡述莊淑旂博士的養胎及坐月子理論，並掌握懷胎十月的變化，讓產婦以最自然、最正確的方法調養身體，對有心藉由懷孕、生產找回健康、美麗、窈窕的女性朋友來說，這本暢銷書是必備的！

定價280元

孕婦養胎寶典

莊淑旂博士養胎秘方大公開，莊壽美、章惠如老師培育下一代的精闢理論，指導您懷孕期間各階段正確的生活飲食，各式保健DIY絕招，想做到『媽媽不虛胖，胎兒好壯壯』嗎？那麼您就一定需要這本書啦！

定價250元

孕婦這樣吃

生養一個健康、正常的寶寶，是每一位父母的共同心願；莊淑旂博士多年研究的養胎秘方，由其外孫女章惠如親身體驗，並與莊博士愛女莊壽美老師共同編撰精美圖文食譜，是懷孕婦女不可獲缺的的養胎食譜書！

定價220元

好朋友與妳

每個月光臨一次的生理期，就是妳長相廝守的好朋友，本書指導您如何與好朋友共渡健康的一天，讓妳輕鬆抓住每個月改善體質的好機會，〝月〞來越健康，〝月〞來越美麗！

定價260元

坐月子的方法

詳細闡述莊淑旂博士的坐月子理論，讓產婦以最自然、最正確的坐月子方法調養身體，對有心藉坐月子找回健康、美麗、窈窕的女性朋友來說，這本暢銷書是必備的！

定價220元

坐月子御膳食譜

坐月子該如何吃？本書給您最正確的指導，葷、素食加藥膳的最佳食譜通通收錄，還有產後半年瘦身食譜大公開，彩色印刷，主食、副食自行搭配，實為近年最精彩的食譜書！

定價250元

線上購
詳細資訊

養生系列叢書、DVD

防癌宇宙操DVD紀念版

原價280元
會員優惠價250元

自我健康管理

莊淑旂博士指導，莊壽美老師撰述，讓您了解日常生活各種身體症狀如何有效的預防與治療，作自己的醫生，進而保障全家人的健康。

定價200元

這樣吃最健康

開啓健康飲食新念，詳細敘述各種型、體質適合的餐及健康守則，以及種身體症狀的預防應對方式。

定價280元

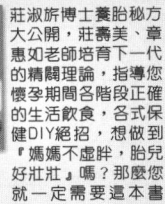

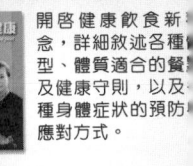

☐葷食☐素食（請✓選）

養胎及坐月子的健康諮詢表

預產期：______ 目前懷孕週數______ 填表日：___月___日

姓名		年齡		懷孕前體重		學歷	
		身高		目前體重		職業	
電話		地址					

女性生產記錄：共生___胎，自然或剖腹生___，是否餵母奶___，自然流產___次
人工流產___次，懷孕前生理狀況：☐順 ☐不順 ☐生理痛，週期___天
其他生理狀況：

血壓：高血壓___低血壓___，尿蛋白指數：☐偏高 ☐正常，水腫：☐有 ☐無
妊娠糖尿病：☐有 ☐無，胎兒發育週數：☐正常 ☐過大 ☐過小，貧血：☐有 ☐無
睡眠狀況：______食慾：______排泄狀況：______有否常感冒：______

過去病歷史：

現在最擔心的症狀：

希望坐月子能達到的效果：

※您將會選用廣和的料理外送餐點嗎？ ☐是 ☐否 ☐考慮

請將資料填妥後寄回或傳眞回，將會由專業調理師提供您養胎或坐月子的免費諮詢服務

特約諮詢
廣和專業調理師

TEL:0800-666-620 FAX:02-2858-3769

□葷食□素食

妊娠

每週進餐飲食記錄表

請您詳細填寫進餐內容，譬如，何時用餐，用什麼油，吃幾碗飯，吃什麼菜，喝什麼飲料．．等

餐別／星期	早　餐	午　餐	晚　餐	宵　夜
一	用餐時間： 食物內容：	用餐時間： 食物內容：	用餐時間： 食物內容：	用餐時間： 食物內容：
二	用餐時間： 食物內容：	用餐時間： 食物內容：	用餐時間： 食物內容：	用餐時間： 食物內容：
三	用餐時間： 食物內容：	用餐時間： 食物內容：	用餐時間： 食物內容：	用餐時間： 食物內容：
四	用餐時間： 食物內容：	用餐時間： 食物內容：	用餐時間： 食物內容：	用餐時間： 食物內容：
五	用餐時間： 食物內容：	用餐時間： 食物內容：	用餐時間： 食物內容：	用餐時間： 食物內容：
六	用餐時間： 食物內容：	用餐時間： 食物內容：	用餐時間： 食物內容：	用餐時間： 食物內容：
日	用餐時間： 食物內容：	用餐時間： 食物內容：	用餐時間： 食物內容：	用餐時間： 食物內容：

☆請您一併回答下列問題

1、請問您喜食 ——→ □ 冷食　□ 熱食

2、請問您喜歡的烹調方式(可複選)——→ □ 煎　□煮　□炒　□炸　□蒸
□其他(請列舉)__________

3、請問您較喜歡的飲料(可複選)——→ □開水　□果汁　□茶　□酒　□咖啡
□礦泉水　□蒸餾水　□汽水　□可樂
□其他(請列舉)__________

☆請填妥後寄回，我們將免費提供養胎及坐月子諮詢

請影印12份以上，以供一年之用

1.姓名：____________

2.性別：______

3.住址：郵區號____

4.電話：(O)行動：
　　　：(H)________________傳真：______________

5.職業：____________

6.服務單位：______________________________

7.生日：____年____月____日____歲

8.婚姻情形：□ 已婚 □ 未婚 □ 離婚 □ 鰥寡

9.學歷：____________________

10.身分證字號：__________

11.身高：________

12.血型：______

13.體重：________

14.體型：□ 駝背型　□ 上腹突出型　□ 下腹突出型　□ 正常體型

15.過去主要症狀____

16.現在主要症狀____

17.開始填表日期____________

掌握女性狀況的基礎體溫表

年　　月份

日期																																
星期																																
.4																																
.3																																
.2																																
.1																																
37.0																																
.9																																
.8																																
.7																																
.6																																
36.5																																
.4																																
.3																																
.2																																
.1																																
36.0																																
.9																																
.8																																
.7																																
.6																																
35.5																																
記錄月經期																																
月經期	隨時想睡覺																															
	没胃口																															
	全身疲勞																															
	習慣性感冒																															
	生理痛																															
	下腹脹																															
	腰酸																															
	便秘																															
	拉肚子																															
	洗頭髮																															
	頭重																															
月經後	頭昏																															
	早上起不來																															
	疲勞不易恢復																															
月經前	乳脹																															
	胃脹																															
	頭痛																															
	青春痘																															
	情緒不穩																															
其他	不正常出血																															
	排便																															
	豐盛的早餐																															
	仕女寶																															

1.由月經第一天開始記錄 ,該日即為周期之第一天.月經期以x號記下

2.測量時間需每日固定.溫度計於前日晚間先放於枕邊.早晨醒來不可移動.直接測量後才起床

3.將體溫記錄於上表.每日溫度連接起來.即成可判斷健康之曲線

4.每晚入浴後.疲勞消除時.請回想當天自己的身心狀況.記錄於上表(打v)

廣和莊老師 媽媽教室

報名表

□我要報名

★請(1)**填妥此表**後**傳真**至報名專線：

02-2858-3769 報名

(2)或**直撥**免費報名專線：**0800-666-620**

電話報名

(3)**登錄廣和官網，線上報名**

報名場次：區域：________，日期：____________

姓　名		預產期	
聯絡地址:			
預備坐月子地址:			
電　話	(日)　　　　(夜)		
手　機			

報名專線:0800-666-620　傳真專線:02-2858-3769

★ 場次日期請上網查詢(http://www.cowa-mother-care.com.tw)

或直撥0800-666-620洽詢

★ 請立即 線上報名

持成效

享品牌

的孫女，堅持坐月
賣正確的坐月子餐
的良機。

的口味上改善，滿足產婦的
。也因為這種對效果與品質
持，來自客戶的口碑行銷，
廣和在市場上最好的推廣利
其許多新聞台主播或演藝
人吃廣和坐月子餐，為廣和
最好的行銷宣傳。

卉如指出，企業經營，不能
商品，還必須走向企業化、
化經營。廣和民國90年開始
企業化、制度化經營，將舊
中的家庭式廚房改制成公司
的中央廚房，去年12月進駐
業總部，也建置供應北區坐
餐的中央廚房，與中部、南
中央廚房，提供全台坐月子
餐服務，中央廚房並編制稽
員駐守各區中央廚房控管，
品質保障，無偷工減料、摻
疑慮。

的外送服務模式，產婦在
就送到醫院、家裡就送到家

裡，餐點內容一應俱全，包括主食、點心、蔬菜、水果、飲料及藥膳，家人完全不用再準備其他任何東西，並且首創全國服務網，一張合約書全國服務區域都適用。

企業要成長首重員工訓練

章卉如認為，企業的成長，首重從員工的教育訓練好好作起，既然廣和的首要任務，就是讓所有的產婦好好坐月子，因此每一位料、調理師，都是直接承傳莊淑旂博士的專業訓練，並且與廣和簽訂服務合約，完全依照莊博士坐月子的方法來料理、服務客戶。由於市面上部分業者，擅自打著莊淑旂完整坐月子理論的招牌搶客，讓消費者混淆，因此要求調理師必須佩戴「廣和坐月子料理外送調理師服務證」，現場以身分證件核對確認，讓孕婦放心接受廣和的服務。

章卉如表示，企業經營必須不斷提升在顧客心中的價值，為了讓產婦獲得完整的坐月子享受，廣和不只是賣坐月子餐，更提供孕婦、產婦的相關知識服務。每位孕婦、產婦，若有任何產前養胎、產後坐月子的相關問題，都能免費向專屬調理師或撥公司的免付費電話諮詢，還辦理免費講座，教導產婦如何坐好月子、養胎及試吃活動，產後也辦理媽媽教室等。

工商經營報 COMMERCIAL

尊寵產婦、

廣和打造坐月子餐

章卉如是坐月子餐教母
子餐外送服務事業，優
方法與觀念，把握產婦重

【開路尖兵】
◎文．圖／劉益昌

廣和集團董事長賴駿杰、執行長章卉如（右圖）夫妻倆，一步一腳印把廣和打造成國內坐月子餐外送服務的領導品牌。章卉如說，坐月子期間是產婦重新調養身體、脫胎換骨的最佳黃金期，廣和把產婦坐月子當作是自家人坐月子般尊寵，在餐飲上堅持成效、品質第一，這是廣和在同業間脫穎而出的致勝心法。

莊淑旂理論的嫡傳人

章卉如是坐月子餐教母莊淑旂博士的孫女，也是業界公認莊淑旂完整坐月子餐理論的嫡傳人。她自民國85年創設廣和坐月子餐外送到府服務後，現在已成為國內坐月子餐外送服務的領導品牌。由於一脈傳承莊淑旂用米酒水等嚴謹古法幫產婦調製烹煮坐月子餐，讓許多產婦即使產後至坐月子中心坐月子，還是捨棄坐月子中心的餐點，改訂廣和的外送坐月子餐，這就是廣和經營上厲害的地方。

章卉如指出，她發展坐月子餐外送服務事業，第一優先要務，是推廣正確的坐月子餐方法與觀念，這比業績收入多少更為重要。因為生產是婦女一生中最重要的神聖大事，老天爺也賞賜產婦能重新調養體質的良機，這個最後黃金時刻絕對不能錯過，否則隨著年齡增長，會有許多後遺症毛病浮現。

從商品經營的角度來看，極盡所能把商品的外觀包裝設計生產得很美，固然有助於激勵商品的銷售，但她覺得更重要的是商品的品質，尤其在現代家庭少子化的現象下，產婦藉由生產重新調養體質的機會更須好好把握，坐月子餐首重效果，不是看外觀包裝設計，因此，她堅持要依照嚴謹的方法坐月子。

譬如，廣和的特色之一
堅持將三瓶米酒濃縮提煉
「米酒水」，專供女性坐
間使用，並研發「廣和坐
」，以米酒精華露加上獨
配方，用陶瓷共振技術化
容易吸收的小分子，及「
料理高湯」，達到完整坐
效果。

北、中、南都有中央

章卉如指出，經營坐月
業，最大的挑戰，來自客
月子的偏見觀念，有時難
。譬如許多產婦產後嘴饞
要馬上吃、喝美食，希望
坐月子餐改放美食，但這
坐月子不利，廣和還是堅
按照嚴謹的規定作坐月子
為幫產婦照顧好身子是更
任務，只好請產婦忍耐，

廣和系列七

從養胎到坐月子

著作指導：旅日中、西醫學「莊淑旂」博士
著作人：章惠如
發行人：章惠如
出版：廣和坐月子生技股份有限公司
銀行電匯：玉山銀行天母分行 帳號：0163440860629
戶名：廣和坐月子生技股份有限公司
(電匯必須來電告知以便處理，請附上運費以便迅速寄貨！)
線上訂購(商城)：更多詳細內容請上網查詢 **"廣和"**
網址：http://www.cowa-mother-care.com.tw
廣和月子餐
登記證：新聞局臺業字第四八七二號
地址：台北市北投區立功街122號
電話：0800-666-620
傳真：(02)2858-3769
印刷：達英印刷事業有限公司
總經銷：紅螞蟻圖書有限公司
地址：台北市內湖區舊宗路2段121巷28之32號4樓
電話：(02)2795-3656
傳真：(02)2795-4100
出版日期：2016年5月第一刷
ISBN：978-986-92899-0-0
定價：新台幣280元
「廣和月子餐」全省免費諮詢專線：0800-666-620

國家圖書館出版品預行編目資料

從養胎到坐月子 / 章惠如 著. -- 臺北市：
廣和坐月子生技, 2016.03
面；　公分. -- (健康系列；7)
ISBN 978-986-92899-0-0 (平裝)

1. 懷孕　2. 分娩　3.健康飲食　4.婦女健康

429.12　　105003212